U0184782

格致方法·定量研究系列　吴晓刚　主编

因子分析：统计方法与应用问题

[美]　金在温(Jae-On Kim)
　　　查尔斯·W.米勒(Charles W.Mueller)　著

叶　华　译

SAGE Publications, Inc.

格致出版社　上海人民出版社

出版说明

　　由吴晓刚(原香港科技大学教授,现任上海纽约大学教授)主编的"格致方法·定量研究系列"丛书,精选了世界著名的SAGE出版社定量社会科学研究丛书,翻译成中文,起初集结成八册,于2011年出版。这套丛书自出版以来,受到广大读者特别是年轻一代社会科学工作者的热烈欢迎。为了给广大读者提供更多的方便和选择,该丛书经过修订和校正,于2012年以单行本的形式再次出版发行,共37本。我们衷心感谢广大读者的支持和建议。

　　随着与SAGE出版社合作的进一步深化,我们又从丛书中精选了三十多个品种,译成中文,以飨读者。丛书新增品种涵盖了更多的定量研究方法。我们希望本丛书单行本的继续出版能为推动国内社会科学定量研究的教学和研究作出一点贡献。

总 序

  2003 年,我赴港工作,在香港科技大学社会科学部教授研究生的两门核心定量方法课程。香港科技大学社会科学部自创建以来,非常重视社会科学研究方法论的训练。我开设的第一门课"社会科学里的统计学"(Statistics for Social Science)为所有研究型硕士生和博士生的必修课,而第二门课"社会科学中的定量分析"为博士生的必修课(事实上,大部分硕士生在修完第一门课后都会继续选修第二门课)。我在讲授这两门课的时候,根据社会科学研究生的数理基础比较薄弱的特点,尽量避免复杂的数学公式推导,而用具体的例子,结合语言和图形,帮助学生理解统计的基本概念和模型。课程的重点放在如何应用定量分析模型研究社会实际问题上,即社会研究者主要为定量统计方法的"消费者"而非"生产者"。作为"消费者",学完这些课程后,我们一方面能够读懂、欣赏和评价别人在同行评议的刊物上发表的定量研究的文章;另一方面,也能在自己的研究中运用这些成熟的方法论技术。
  上述两门课的内容,尽管在线性回归模型的内容上有少量重复,但各有侧重。"社会科学里的统计学"从介绍最基本的社会研究方法论和统计学原理开始,到多元线性回归模型结束,内容涵盖了描述性统计的基本方法、统计推论的原理、假设检验、列联表分析、方差和协方差分析、简单线性回归模型、多元线性回归模型,以及线性回归模型的假设和模型诊断。"社会科学中的定量分析"则介绍在经典线性回归模型的假设不成立的情况下的一些模型和方法,将重点放在因变量为定类数据的分析模型上,包括两分类的 logistic 回归模型、多分类 logistic 回归模型、定序 logistic 回归模型、条件 logistic 回归模型、多维列联表的对数线性和对数乘积模型、有关删节数据的模型、纵贯数据的分析模型,包括追踪研究和事件史的分析方法。这些模型在社会科学研究中有着更加广泛的应用。

修读过这些课程的香港科技大学的研究生,一直鼓励和支持我将两门课的讲稿结集出版,并帮助我将原来的英文课程讲稿译成了中文。但是,由于种种原因,这两本书拖了多年还没有完成。世界著名的出版社 SAGE 的"定量社会科学研究"丛书闻名遐迩,每本书都写得通俗易懂,与我的教学理念是相通的。当格致出版社向我提出从这套丛书中精选一批翻译,以飨中文读者时,我非常支持这个想法,因为这从某种程度上弥补了我的教科书未能出版的遗憾。

翻译是一件吃力不讨好的事。不但要有对中英文两种语言的精准把握能力,还要有对实质内容有较深的理解能力,而这套丛书涵盖的又恰恰是社会科学中技术性非常强的内容,只有语言能力是远远不能胜任的。在短短的一年时间里,我们组织了来自中国内地及香港、台湾地区的二十几位研究生参与了这项工程,他们当时大部分是香港科技大学的硕士和博士研究生,受过严格的社会科学统计方法的训练,也有来自美国等地对定量研究感兴趣的博士研究生。他们是香港科技大学社会科学部博士研究生蒋勤、李骏、盛智明、叶华、张卓妮、郑冰岛,硕士研究生贺光烨、李兰、林毓玲、肖东亮、辛济云、於嘉、余珊珊,应用社会经济研究中心研究员李俊秀;香港大学教育学院博士研究生洪岩璧;北京大学社会学系博士研究生李丁、赵亮员;中国人民大学人口学系讲师巫锡炜;中国台湾"中央"研究院社会学所助理研究员林宗弘;南京师范大学心理学系副教授陈陈;美国北卡罗来纳大学教堂山分校社会学系博士候选人姜念涛;美国加州大学洛杉矶分校社会学系博士研究生宋曦;哈佛大学社会学系博士研究生郭茂灿和周韵。

参与这项工作的许多译者目前都已经毕业,大多成为中国内地以及香港、台湾等地区高校和研究机构定量社会科学方法教学和研究的骨干。不少译者反映,翻译工作本身也是他们学习相关定量方法的有效途径。鉴于此,当格致出版社和SAGE出版社决定在"格致方法·定量研究系列"丛书中推出另外一批新品种时,香港科技大学社会科学部的研究生仍然是主要力量。特别值得一提的是,香港科技大学应用社会经济研究中心与上海大学社会学院自2012年夏季开始,在上海(夏季)和广州南沙(冬季)联合举办"应用社会科学研究方法研修班",至今已经成功举办三届。研修课程设计体现"化整为零、循序渐进、中文教学、学以致用"的方针,吸引了一大批有志于从事定量社会科学研究的博士生和青年学者。他们中的不少人也参与了翻译和校对的工作。他们在繁忙的学习和研究之余,历经近两年的时间,完成了三十多本新书的翻译任务,使得"格致方法·定量研究系列"丛书更加丰富和完善。他们是:东南大学社会学系副教授洪岩璧,香港科技大学社会科学部博士研究生贺光烨、李忠路、王佳、王彦蓉、许多多,硕士研究生范新光、缪佳、武玲蔚、臧晓露、曾东林,原硕士研究生李兰,密歇根大学社会学系博士研究生王骁,纽约大学社会学系博士研究生温芳琪,牛津大学社会学系研究生周穆之,上海大学社会学院博士研究生陈伟等。

陈伟、范新光、贺光烨、洪岩璧、李忠路、缪佳、王佳、武玲蔚、许多多、曾东林、周穆之,以及香港科技大学社会科学部硕士研究生陈佳莹,上海大学社会学院硕士研究生梁海祥还协助主编做了大量的审校工作。格致出版社编辑高璇不遗余力地推动本丛书的继续出版,并且在这个过程中表现出极大的耐心和高度的专业精神。对他们付出的劳动,我在此致以诚挚的谢意。当然,每本书因本身内容和译者的行文风格有所差异,校对未免挂一漏万,术语的标准译法方面还有很大的改进空间。我们欢迎广大读者提出建设性的批评和建议,以便再版时修订。

我们希望本丛书的持续出版,能为进一步提升国内社会科学定量教学和研究水平作出一点贡献。

吴晓刚
于香港九龙清水湾

目录

序   1

第 1 章   导论   1

  第 1 节   对因子分析基础的回顾   4

  第 2 节   本书涵盖的基本方案和方法   7

第 2 章   抽取初始因子的方法   11

  第 1 节   主成分、特征值和向量   14

  第 2 节   公因子模型的变型   22

  第 3 节   最小二乘法   23

  第 4 节   基于最大似然法的解决方案   25

  第 5 节   Alpha 因子分析法   29

  第 6 节   映像分析   31

第 3 章   旋转的方法   33

  第 1 节   图像旋转、简单结构和参照轴   36

  第 2 节   正交旋转的方法：四次方最大法、最大方差法
和均等变化法   40

第 3 节　斜交旋转的方法　　　　　　　　　　44

第 4 节　旋转至目标矩阵　　　　　　　　　　48

第 4 章　再论因子数量的问题　　　　　　　　51

第 1 节　检验显著性　　　　　　　　　　　　53

第 2 节　通过特征值进行设定　　　　　　　　55

第 3 节　实质重要性的准则　　　　　　　　　57

第 4 节　碎石检验　　　　　　　　　　　　　58

第 5 节　可解释性和恒定性的原则　　　　　　59

第 5 章　验证性因子分析简介　　　　　　　　61

第 1 节　因子分析性模型被经验证实的程度　　63

第 2 节　模型所暗示的经验限制的数量　　　　67

第 3 节　另一种概念的经验证实:抽样准确性　73

第 4 节　验证性因子分析　　　　　　　　　　76

第 6 章　建立因子尺度　　　　　　　　　　　83

第 1 节　因子尺度的不确定性　　　　　　　　85

第 2 节　抽样变异性和模型拟合的不同标准　　91

第 3 节　多个公因子和更复杂的情况　　　　　94

第 4 节　基于因子的尺度　　　　　　　　　　97

第 5 节　成分得分　　　　　　　　　　　　　100

第 7 章　对常见问题的简单回答　　　　　　　　　　101

　　第 1 节　与变量的性质以及它们的测量有关的问题　　102

　　第 2 节　与使用相关或协方差矩阵有关的问题　　106

　　第 3 节　与显著性检验和因子分析结果稳定性有关的

　　　　　　问题　　108

　　第 4 节　其他各种统计问题　　109

　　第 5 节　与书、期刊和计算机程序有关的问题　　111

注释　　　　　　　　　　　　　　　　　　　　　112

参考文献　　　　　　　　　　　　　　　　　113

术语表　　　　　　　　　　　　　　　　　　120

译名对照表　　　　　　　　　　　　　　　　125

序

本书扩展了金在温(Jae-On Kim)和查尔斯·W.米勒(Charles W. Mueller)的专著《因子分析导论：它是什么以及如何运用》(*Introduction to Factor Analysis：What It Is and How to Do It*)。后者着重对因子分析技术基础的介绍，关心的是"为什么要进行因子分析"这个问题，并且希望读者弄清楚运用这种方法涉及哪些假定。

对阅读使用因子分析方法的书或文章，或者用自己的数据来简单试用因子分析方法的读者来说，本书将把他们引导到另一个阶段。在书中，金在温和米勒用更为明确的数据分析例子，更为详细地介绍了因子分析的不同方法，以及它们在何种情况下最有用。验证性和探索性因子分析的差别在这里会比《因子分析导论：它是什么以及如何运用》中讨论得更深入，同样会进行讨论的还有因子旋转的各种标准。特别值得一提的是对不同形式的斜交旋转的讨论，以及如何解释从这些分析中得到的各项系数。金在温和米勒也回答了在探索性因子分析中抽取出的因子数量的问题，讨论了在验证性因子分析中检验假设的方法。对于这些研究中抽取出来的尺度得分,他们也讨论了分析它们时会遇到的问题。本书会提供一份术语表,同时还会解答使用因子分析技术的人经常提出的一些问题。读者可能会被其中一些问题的回答所困扰,但只要加以注意,分析者就能避免错误的推论。本书尽管有一些矩阵代数的应用,但其数理内容基本上是自明的。如果读者不能很好地理解矩阵应用,建议参考作者之前的那本专著。

在经济学中,因子分析被用于抽取一组互不相关的变量来做进一步分析,因为此时使用高度相关的变量在回归分析中可能会产生误导性的结果。政治学家比较不同国家在一系列政治和社会经济变量上的特点,尝试找出什么是区分国家的最重要特征(例如富裕程度和国家大小)[①];社会学家通过研究相互联系最多的人(而不是与其他人联系)来确定"朋友群体"。心理学家和教育学者使用这种技术,研究人们对不同的"激励"有什么感受,并把它们区分为不同的反应系列,例如语言的不同要素是相互联系的。

正如作者所指出的,本书不可能涵盖因子分析的所有方面,因为在这个领域里经常会有新的发展。然而,如果读者能够建立起系统性的知识,知道如何运用这种技术,以及我们实际上在无形中至少做了什么假定,那么本书就已经达到其目的了。

E.M.尤斯拉纳

---

① 参见 Rudolph J. Rummel, *The Dimensions of Nations*, Beverly Hills, CA: Sage Publications, 1972.

第 **1** 章

导　论

　　因子分析的概念性基础简单易懂。然而,一些原因可能使得在实际运用中掌握这种方法会比较困难。首先,一般而言,理解统计估计的原则相比理解背后的概念模型,前者对数理复杂性的要求更高。其次,文献中提出了许多提取因子的方法,即使是相对简单的计算机程序,也可能在分析的每一步给出许多选项。这些复杂性会让初学者很难适应,即使专家也会感到不习惯。最后,我们平时遇到的实际研究问题几乎总是比因子分析模型所假定的情况要复杂。例如,(1)可能会有一些或者全部变量的测量层次都没有达到因子分析的要求;(2)对一些人所用的数据来说,模型的某些假定是不现实的,例如测量误差之间不相关;(3)我们可能会有一些次要的因子,对它们的识别并不是我们考虑的重点,但是它们的存在会影响我们对主要的公因子的识别。问题的关键在于,研究者最终必须自行作出一些与统计无关的决定。幸运的是,正如我们将会讲述的那样,这些困难是可以克服的。

　　正如我们在《因子分析导论:它是什么以及如何运用》所指出的,研究者或多或少地被迫依赖于已有的计算机程序进行实际分析,这些程序通常提供了默认的标准选项,使用者会依赖它们,直到必须进行一些改动。更重要的是,随着研究者逐渐熟悉因子分析的多种选项,他们会发现大多数的差别在很大程度上都只是表面的。实际上,有一些共同的线索贯穿于这些差别。更重要的是,研究者会发现,对相同的数据运用不同的方法和标准,在大多数实际应用中其结果是一致的。简言之,读者没有必要立刻学会和使用所有的选项。然而,重要的是使用者要知道进行因子分析时最重要的差别和选项,并且使用者从一开始就要明白,对大多数问题我们没有绝对唯一的(或者最好的)解决方案。

本书假定读者对因子分析的概念基础有基本的认识,那些内容在上一卷书中已经介绍过。我们也希望读者明白以下两种内在的不确定性之间的区别,即从观察到的协方差结构推论潜在的因果结构的不确定性①(逻辑问题),以及从估计的样本统计量推论总体参数的不确定性(统计问题)。尽管这两个问题在解决实际的因子分析问题时有内在的联系,但在头脑中要分清这两者之间在概念上的差别。在讨论统计方法与实际问题之前,我们有必要简单复述一下上一卷书所介绍的内容。

---

① 也就是变量之间有相关关系并不意味着有因果关系。——译者注

第 1 节 | 对因子分析基础的回顾

　　因子分析假定我们观察到的变量是一些潜在的（假设的或者未被观察到的）因子的线性组合。这些因子中有一些被假定是两个或更多变量共同的因子，另一些被认为是各变量独有的因子。这些独有的因子被进一步假定为（至少在探索性因子分析中）互成正交关系。因此，这些独有的因子对变量之间的共变关系没有贡献。换言之，只有公因子（被认为在数量上要远比观察到的变量少）对观察到的变量之间的共变关系有贡献。

　　因子分析中假定的线性系统是这样的，如果我们知道潜在的因子负载，就可以准确无误地识别出协方差结构。然而，要从观察到的协方差结构中弄清楚潜在的公因子结构却比较困难。这些基本的不确定性跟统计估计没有关系，且必须在统计以外的假定的基础上解决，它们包括因子因果关系的假定和关于简洁的要求。

　　在这些假定和线性系统的特性下，我们可以研究所得到的协方差结构，准确识别出潜在的因子模式，只要潜在的因子模式相对简单，且满足简单因子结构的要求。例如，图 1.1 所示的两个常见的双公因子模型在上一卷书中也展示过，它可以用表 1.1 中对角线下方内无误差的相关矩阵恢复得到（在上一卷书中，我们指出用最大似然因子分析法得到结果后，再用基于直接最小斜交法的斜交旋转，就可以产生与图 1.1 所示相同的因子负载。我们同时也指出，任何计算机程序，无论它们依赖何种运算法则，都应该能很好地得出类似的模式[1]）。

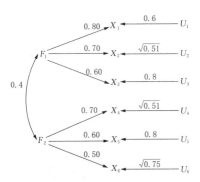

图 1.1　六个变量的路径模型，两个斜交因子模型的例子，其中可观察到的变量代表对以下事项的观点：

$X_1 =$ 政府是否应该花费更多的钱在学校上；
$X_2 =$ 政府是否应该花费更多的钱在降低失业率上；
$X_3 =$ 政府是否应该控制大型企业；
$X_4 =$ 政府是否应该通过校车接送学生来加快消除种族隔离；
$X_5 =$ 政府应该保证少数族群能得到他们相应的工作配额；
$X_6 =$ 政府应该扩展启蒙计划。

表 1.1　总体（对角线下方）和模拟而得的 100 个样本（对角线上方）之间的相关，对应于图 1.1 中的双公因子的模型[a]

	X_1	X_2	X_3	X_4	X_5	X_6
X_1	—	0.6008	0.4984	0.1920	0.1959	0.3466
X_2	0.560	—	0.4749	0.2196	0.1912	0.2979
X_3	0.480	0.420	—	0.2079	0.2010	0.2445
X_4	0.224	0.196	0.168	—	0.4334	0.3197
X_5	0.192	0.168	0.144	0.420	—	0.4207
X_6	0.160	0.140	0.120	0.350	0.300	—

注：a. 由 University Paper 07-013 的表 8 和表 13 重新生成。

　　然而，实际上我们研究的协方差矩阵会被一系列随机或非随机的误差所影响，从而跟总体中的因子模式所暗示的协方差矩阵不同。为方便之后参考，我们在表 1.1 的对角线上方重新生成一个协方差矩阵，这个矩阵是由图 1.1 的因子模式所定义的理论总体中抽取 100 个样本而来（或者说是由表 1.1 的对角线下方显示的协方差矩阵而得来），注意到对角线上方和对角线下方相应数值的不同。此外，从相同总体中抽取的任何一个相关矩阵都会跟总体的相关矩阵有所不同，也会跟被抽取出的其他相关矩阵不同。因此，实际上不可能完全重现潜在的因子模式；我们只是尝试对潜在数值进行估计，让这些估计符合某些统计的和（或）实践的标准。

　　研究者通常用三个步骤来获得探索性因子分析的方案：(1)准备合适的协方差矩阵；(2)抽取初始的（正交的）因子；(3)旋转以获得最终的因子。最后，我们在相关的另一卷书中给出了如何通过多种软件包来实施上述步骤，并且强调要获得基本的因子分析信息是比较容易的。

第 2 节 | 本书涵盖的基本方案和方法

因子分析主要用于探索还是验证,取决于研究者的主要目的。在两种应用中,准备合适的协方差矩阵、抽取初始的因子、旋转以获得最终结果这三个步骤都会涉及。虽然要获得最终结果并不总要遵循这些步骤(尤其在检验特定的假设时),但通过这些步骤来讨论因子分析的主要变型会比较方便。因此,本书的第一部分主要围绕这些步骤来展开。

在上一卷书中,我们已经指出在选择基本的录入数据时有一个重要的选项——是用普通的变量之间的协方差(或相关关系),还是用各实体的相似描述。迄今为止,我们的讨论都集中在前者,此处也会这样。

在因子分析的最初步骤中,我们有公因子模型,它作为我们的参照模型,也有主成分分析,它背后的原理跟"公"因子分析不同。但它们都是广为运用的有效方法,都是探索变量之间"相互依赖关系"的工具。这两种方法的基本差别,在于主成分是观察到的变量的某种数学函数,而公因子则无法用观察到的变量的组合表达出来。在因子分析的最初步骤中,另一种方法是映像因子分析法。映像分析跟公因子分析的不同之处在于,公因子分析把观察到的变量看作潜在无限的总体中的一个样本,而映像因子被定义为变量的线性组合。本书会更详细地解释这些方法的异同。此外,如果用的是公因子模型,实际上也有很多方法来抽取最初的因子。在本书中会介绍到的抽取方法有:(1)最大似然抽取法(包括饶氏正则因子分析法),(2)最小二乘法(包括最小残差法和带迭代共通值的主轴因子分析法),(3) Alpha 因子分析法。Alpha 因子分析法可以看作公因子模型的一个变型,也可以看作另一种方法。

因子旋转这个步骤包括两个主要选项,即正交旋转和斜交旋转。斜交旋转又可以继续细分为对因子模式矩阵的负载进行直接简化,以及对参照轴的负载进行间接简化。在以上各选项中又有其他的变型。它们中的大多数将会在后面的章节中谈到。

接着,在下一章中,我们将讨论应该抽取和保留多少个因子。本书在抽取方法的章节以外特意再安排这样的一章,目的在于介绍一些"经验法则",以方便实际应用者。

验证性因子分析这章的内容很基础。我们会给读者介绍一些一般性的用实证材料来检验因子分析模型的概念,并提供两个简单但很重要的验证性因子分析的例子。

然后,我们会讨论如何建立因子尺度以用于其他研究。我们把它放在验证性因子分析之后,是因为建立因子尺度在某些方法上的不足可以通过验证性因子分析来缓解。

在最后一章中,我们用一种问答的方式涵盖了许多问题。这些问题要么在正文中没有提及,要么非常重要,所以值得复述。在该章我们也会对一些尚未形成共识的问题提供实践中的建议。

本书最后的术语表不是为了给各个术语提供精确的技

术定义,而是为了方便说明它们在本书中是在怎样的上下文情景中被使用。最后,本书的参考文献不是为了反映这个领域的历史发展,或对其创新给予足够的认可。我们引用了我们对该领域所了解的有价值的文献,读者应该以同样的精神来使用这些文献。我们希望没有冒犯那些对因子分析的发展作出了贡献,却没有被我们引用的学者。

第 **2** 章

抽取初始因子的方法

　　在探索性因子分析中，抽取因子这个步骤的主要目的是决定公因子的最小数量，这些公因子能够产生可观察到的令人满意的变量间的相关关系。如果没有测量误差和抽样误差，且在数据中对因子因果关系的假定是合适的，那么在产生一个相关矩阵所需要的公因子的最小数量和调整后的相关矩阵的秩之间就会有完全对应的关系（调整相关矩阵要求在其主对角线上插入共通值）。也就是说，在没有抽样误差，以及因子模型跟数据完全吻合的情况下，我们可以通过研究调整后的相关矩阵的秩得到共通值（实际值，而不是估计值），也可以得到公因子的数量。然而，如果存在抽样误差，就不能依靠秩理论了。这时候的目标是在存在抽样误差的情况下，用一些准则来决定公因子的数量。正如在《因子分析导论：它是什么以及如何运用》中讨论过的，决定公因子的最小数量的最终准则，是这些被选定的公因子能在多大程度上重现观察到的相关关系。因此，这个目标可以被重新表述为解决一个统计问题，即寻找一个决定我们何时停止抽取公因子的准则。遵循标准的统计逻辑，它涉及在什么情况下，我们认为重新生成的相关关系和观察到的相关关系之间的差别可被归结为抽样变异性。

　　我们从描述在多种抽取方法中一致的基本方案开始,其中包括假设用于重新生成观察到的相关关系所需的公因子的最小数量。在没有任何信息的情况下,这意味着从一个公因子的模型开始。这个"假设"通过运用某些标准来判定选取的模型与数据之间的差异是否微不足道。如果不是,我们将增加一个公因子,运用同样的准则再对模型进行估计。这个过程将不断持续,直到它们之间的差别被认为可被归结为抽样误差(读者应该回顾《因子分析导论:它是什么以及如何运用》的第 2 章,在那里我们假定没有抽样误差,其准则就是选取的模型与数据之间的差别为 0)。需要指出的是,实际运用的运算法则也许不能真正地进行这种连续的判断,但抽取初始的 k 个因子以解释我们观察到的共变关系的这个原则仍然是成立的。

　　虽然这个基本方案在原则上很直接,但它的应用却可以有无数种形式,因为有很多最大拟合(或最小差异)的标准。跟我们迄今描述的公因子模型非常一致的两种主要方案是:(1)最大似然法(Lawley & Maxwell,1971;Jöreskog,1967;Jöreskog & Lawley,1968),它的变型包括正则因子分析法(Rao,1955),以及基于最大化残差偏相关矩阵的行列式方法(Browne,1968);(2)最小二乘法,它的变型包括迭代共通值的主轴因子分析(Thomson,1934)和最小残差法(Harman,1976)。此外,还有另外三种主要的抽取因子方法:(1)Alpha因子分析法(Kaiser & Gaffrey,1965),(2)映像分析(Guttman,1953;Harris,1962),(3)主成分分析(Hotelling,1933)。我们将首先描述最后提到的这个方法。

第 1 节 ｜ 主成分、特征值和向量

　　我们之所以从讨论主成分分析开始,有两个原因。第一,它可以作为一个基本模型,我们可以用它和公因子模型进行比较;第二,通过它很容易描述一些难以解释的概念,例如特征值和向量,以及它们在因子分析运算中的角色(我们并没有放弃依赖最简单的运算法则这个目标,但是对这些术语有一定程度的熟悉,对许多计算机程序的使用者来说是非常必要的。在此强烈建议读者看完以下的基本介绍)。

　　主成分分析是将我们观察到的一组变量转换为另一组变量的方法。为了展示它的特点和潜在的逻辑,最简单的方法是在双变量的情境下进行研究。假定有两个变量,X 和 Y,为了介绍上的方便,我们也假定它们的分布是二元正态分布。

　　图 2.1 用轮廓图描述了中等程度的正相关的二元正态分布关系。这些图显示,因为 X 和 Y 有正相关关系,数据点的集群表现为 X 的较大值与 Y 的较大值相关(反之亦然),因此大多数个案都集中在第一和第三象限,而不是第二和第四象限。这些轮廓图形成椭圆形,它的两条轴用虚线表示。主轴(P_1)通过大多数数据点所在的那条线;次轴(P_2)通过最少数据点所在的那条线。

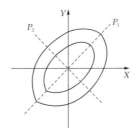

a. X 和 Y 存在某些关系

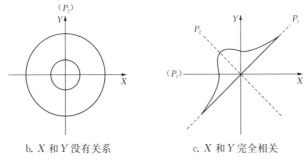

b. X 和 Y 没有关系　　　　　c. X 和 Y 完全相关

图 2.1　两变量分布的主轴的例子

　　假设我们现在的工作是只用一个维度或一条轴来表示每个个案的相对位置。对这个参照轴的合理选择是 P_1，因为从整体上来看，在某种意义上该轴跟数据点最接近。第一个主成分因而只是主轴上的个案的代表。举例来说，如果个案在 X 和 Y 上取值都为 1，在 P_1 上将表示为大于 1，而在 P_2 上则表示为小于 1。如果我们对每个个案都用 P_1 和 P_2 表示（用坐标系中的点），就不会有信息上的损失，从而我们可以对每一个案进行准确描述，而且不必考虑 X 和 Y 的关系。然而，当 X 和 Y 的关系变得更强时，我们可以说第一条轴（和第一个成分）在描述个案方面信息量更大。在极端情况下，如果 X 和 Y 是线性函数关系，那么第一个主成分就包含了描述任何一个个案的所有信息。如果 X 和 Y 之间是独立的,就不会有主轴,使用主成分分析就不能帮助简化问题。

　　尽管我们用椭圆和二元正态分布来表示主轴,但主轴的概念并不仅限于正态关系。一般来说,主轴用一条线来表示,各数据点到这条线的距离的平方和是最小的。与最小二乘原则的比较也许能帮助我们解释这一点。在寻找最小二乘回归线 $(\hat{Y}=a+bX)$ 的过程中,我们把 Y 和 $\hat{Y}$ 的距离的平方最小化,也就是最小化 $(Y-\hat{Y})$,这里所说的距离由一条平行于 Y 轴且垂直于 X 轴的线来测量。在寻找主轴的时候,我们最小化数据点和轴之间的垂直距离(即点到主轴的垂直线,而不是点到 X 轴的垂直线)。这个区别我们用图2.2

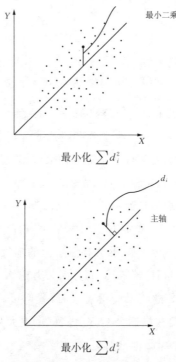

图 2.2　最小二乘回归和主轴的比较

表示(Malinvaud，1970，对最小二乘法和正交回归的讨论)。

　　一旦第一个成分被定义为包含最多的信息(它解释了数据中最大的方差)，第二个成分也用相似的方式定义，此外还有一个条件是它要垂直于第一个成分。因此，在两变量的情况下，一旦确定了第一个成分，我们就自动得知了第二个成分。另外要记住的是，除非 Y 是 X 的线性函数，或者相反，否则就有两个主成分(我们需要用两条轴来完整地描述该联合分布)。

　　在获得主成分的过程中，我们不需要假定存在假设性的因子。新的轴是观察到的变量的数学函数。尽管主成分分析是用于获得表现上的简约(在只研究前面几个成分来说是如此)，但它的目的不是解释变量之间的相关关系，而是尽可能解释数据中的方差。另一方面，因子分析性的分解只要求一个因子(在此两变量的情况下)，且主要的目标是解释变量之间的相关关系。总而言之，前者(主成分分析)以解释方差为目的，后者(因子分析性的分解)以解释协方差为目的。

　　当有两个以上的变量时，界定主成分的基础是一样的。举例来说，在三元正态分布中，三维的轮廓图会与一个有些许扁平的足球相似(椭球)；第一条主轴穿过一个顶端到另一个顶端，因而成为最长的线；第二条轴穿过第二长的距离，同时垂直于第一条轴(这是由于扁平而变宽的部分)；第三条轴将是最短的，它会穿过由于扁平而变窄的部分。

　　为完成这样的层级分解或转换的数学方法被称为特性方程或特征方程。解这个方程将得到跟一个矩阵有关的特征值和特征向量。这个特性方程有以下的形式(用矩阵符号表示)：

$$RV = \lambda V \qquad [2.1]$$

其中 R 是我们要获得的矩阵,V 是我们要确定的特征向量,λ 是一个特征值。解决方法最终要靠以下形式的更简单的行列式方程:

$$\text{Det}(R - I\lambda) = 0,\text{它将转变为一个双变量矩阵} \quad [2.2]$$

$$\text{Det}\begin{pmatrix} 1-\lambda & r_{12} \\ r_{12} & 1-\lambda \end{pmatrix} = 0 \quad [2.3]$$

也可以被写成:

$$(1-\lambda)(1-\lambda) - r_{12}(r_{12}) = 0 \quad [2.4]$$

（根据行列式的定义）

$$= \lambda^2 - 2\lambda + (1 - r_{12}^2) = 0 \quad [2.5]$$

（将之展开并按照标准形式合并）

如果你记得怎么解方程 $ax^2 + bx + c = 0$,就可以得到特征值。在任何情况下,两变量相关矩阵的特征值为:

$$\lambda_1 = 1 + r_{12} \text{ 且} \quad [2.6]$$

$$\lambda_2 = 1 - r_{12} \quad [2.7]$$

注意,如果两个变量之间是完全相关的,则其中一个特征值为 2,另一个为 0;如果两个变量之间完全不相关,则两个特征值都为 1。

此外,注意特征值的和等于变量数,即 $\lambda_1 + \lambda_2 = (1+r_{12}) + (1 - r_{12}) = 2$,特征值的积等于相关矩阵的行列式,即 $(\lambda_1)(\lambda_2) = (1 - r_{12}^2)$。这些属性对各种大小的相关矩阵都成立。然而,最重要的是,最大的特征值代表第一条主轴所解释的方差有多少,第二大的特征值代表第二条轴所解释的方差有多少,以此类推。因为(使用相关矩阵时)特征值的和等

于纳入分析的变量的数量,将第一个特征值除以 m(变量数),我们也可以得到给定的轴或成分所解释的方差的百分比:

一个成分所解释的百分比 =(相应的特征值)/m　　[2.8]

为得到相关的特征向量,我们需要增加一个约束条件,即它们的长度为 1。因而,主成分的负载可通过把特征向量乘以相应特征值的平方根得到,这就正确地反映了相应数据所解释方差的多少。

《因子分析导论:它是什么以及如何运用》中表 2 和表 3 提供了一个两变量(一个公因子)的模型,它是最简单的主成分分析的例子。特征值(按降序排列)是 1.48 和 0.52,它们分别等于 $(1 + r_{12})$ 和 $(1 - r_{12})$。相关的特征向量分别为 $(\sqrt{1/2}, \sqrt{1/2})$ 和 $(\sqrt{1/2}, -\sqrt{1/2})$。"因子负载"则表示为:

$$\begin{pmatrix} \sqrt{1/2} & \sqrt{1/2} \\ \sqrt{1/2} & -\sqrt{1/2} \end{pmatrix} \begin{pmatrix} 1/\sqrt{1.48} & 0 \\ 0 & 1/\sqrt{0.52} \end{pmatrix} = \begin{pmatrix} 0.86 & 0.51 \\ 0.86 & -0.51 \end{pmatrix}$$

如果在计算机程序中使用主成分分析,可以得到最后的矩阵的因子负载。注意,$\lambda_1 = (0.86)^2 + (0.86)^2$,$\lambda_2 = (0.51)^2 + (-0.51)^2$。

为便于后面对成分分析和公因子分析进行比较,作者把成分分析用于表 1.1 中所示的 6 个变量的相关矩阵。为了强调成分分析在没有抽样导致的波动的情况下的特性,我们使用无误差的数据。表 2.1 展示了成分分析的结果。在此要指出三点:(1)一般来说会得到 6 个成分(最后 4 个成分不重要,因而此处不报告);(2)前 2 个成分比前 2 个公因子解

表 2.1　表 1.1 对角线下方的相关矩阵的前两个主成分

变　量	主　成　分		
	h^{2a}	F^1	F^2
X_1	0.749	−0.395	0.713
X_2	0.706	−0.405	0.666
X_3	0.651	−0.417	0.597
X_4	0.595	0.579	0.623
X_5	0.548	0.529	0.581
X_6	0.488	0.526	0.514
特征值	2.372	1.323	和 = 3.695
被解释的方差的百分比	39.5	22.1	
被解释的方差的累积百分比	39.5	61.6	

注:a.这些并不是严格意义上的共通值估计,因为主成分分析并不假定公因子的存在。

释的方差更多(61.6％对 41％);(3)前 2 个成分不能完全解释所观察到的相关关系,但前 2 个因子可以[例如,$(b_{11}b_{21})$＋$(b_{12}b_{22})$＝$(0.747)(0.706)+(−0.395)(−0.409)=0.6890$,大大高于潜在的相关系数 0.56]。

　　主成分分析跟因子分析相似,它们都是简化数据的方法。研究者可以根据特征值的大小决定是否只用前 2 个成分。在此重复一下,尽管两个公因子的模型可以解释所观察到的相关关系,但实际上并不必要。如果这两种方法被看作探索变量之间互相依赖关系的方法,那么它们之间会有另一个相似之处。请注意,如果变量之间没有相关关系,就不会有主成分,因为任何一个成分都跟另外的一样,不分主次;各成分都只能解释一个单位的方差。随着变量之间相关关系的增大,被前几个成分所解释的部分也会增加。

　　区分这两种方法的一种方式是说因子分析用一个假设

性的因果模型代表了协方差结构，而成分分析通过对观察到的数据进行线性组合总结了数据。在两者间如何选择取决于研究者总的目标。通过强加一个假设的模型，我们可以用较少数量的因子来解释相关关系。把观察到的数据的线性组合用数学方式表达出来，并不需要强加某些人认为有问题的因果模型，但它也没有揭示出任何潜在的因果结构，即使这样的结构确实存在。

因此，成分分析的目的跟因子分析有很大的不同。然而，我们还是希望重复一下为什么我们要花费那么多篇幅在这上面。首先，主成分分析法经常被认为是因子分析的一种变型。其次，(后面会讲述的)主轴因子分析运用相似的运算方法(特征方程)，如果有成分分析的知识，介绍因子方法会更容易。最后，最重要的是，成分分析所产生的一个统计量，将作为实际运用最广泛的、解决因子数量问题的方法(它指的是"特征值大于 1"的标准，我们将在后面谈到这个问题)。

第 2 节 ｜ 公因子模型的变型

　　从历史上说，以前对因子分析的大多数解释性处理都是用主轴因子分析的步骤来确定公因子模型，它将主成分分析的分解方法运用在调整后的相关矩阵上，它的（单位为 1）对角线上的元素被共通值的估计值所代替。

　　常用的共通值的估计值是各变量跟组内其他变量的多重相关系数的平方，或者在相关矩阵的一行中绝对值最大的相关系数。把这些共通值代入相关矩阵的对角线后，因子就用主成分分析的方法被抽取出来了。也就是说，跟成分分析一样，我们通过把相同的特征值方程应用在调整后的相关矩阵上，就得到了因子分析的结果（这也是主轴因子分析这一名称的由来）。在这种情况下，所要解的方程式为：

$$\mathrm{Det}(R_1 - \lambda I) = 0 \qquad [2.9]$$

在这里 R_1 是相关矩阵，它的对角线上是共通值的估计值。尽管这种方法被广泛使用，但它逐渐被后面介绍的最小二乘法所取代。

第 3 节｜**最小二乘法**

用最小二乘法进行公因子分析背后的原则是在抽取一定数量的因子后,最小化残差相关系数,并且评估用模型重现出来的相关关系跟观察到的相关关系之间的拟合程度(通过研究两者之间差别的平方)。由于人们总是可以通过假定跟变量数相等的因子数来重现观察到的相关关系,并且总是可以通过增加假定的因子数来提高拟合程度,因此在最小二乘法中,我们只需要假设 k 个因子(k 比变量数要少)就能重现观察到的相关关系。

获得解决方案的实际过程大致是这样的。第一,假设用 k 个因子就可以解释观察到的相关(这一步实际上不会有任何问题,因为我们可以从一个公因子的假设开始,逐渐增加假设的因子数,直到我们得到一个满意的答案)。第二,得到一些共通值的初始估计值(正如前面所讲到的,我们将使用一个变量跟其他变量之间的多重相关的平方)。第三,(根据最小二乘法原则)获得或者抽取最能重现观察到的相关矩阵的 k 个因子。在这一步,要解的方程跟前面的方程 2.9 完全一样。第四,为了获得能最好地重现观察到的相关矩阵或协方差矩阵的因子模式,我们根据上一步得到的因子模式重新估计共通值(《因子分析导论:它是什么以及如何运用》第 2

章的方程 20 就是估计共通值的公式)。第五,这个过程被不断重复,直到我们不能进行任何改善。这就是带迭代估计共通值的主轴因子分析法的名称由来。

最小残差法(Harman,1976)也是基于相同原则的一种迭代方法,但它使用了一种在某种程度上有所不同却更有效率的运算法则。在大样本的情况下它有一种近似于卡方检验的技术。这种检验方法独立于抽取因子的方法,哈曼提出这个近似的检验方法可以应用于其他抽取方法上,且可以作为检验因子分析是否完全的方法(Harman,1975:184;McDonard,1975)。尽管这个检验在大样本的情况下是合适的,然而,当样本量较大时,细微的差别也会在统计上显著。因此,哈曼建议不要只依赖这种正式检验,而应把通过这种检验得到的因子数量仅仅作为上限的标志(最好在研究了旋转结果之后),尽量只保留那些有实际意义且理论上可以被解释的因子。

对表 1.1 中的相关矩阵使用带迭代的主轴因子分析法的结果展示在表2.2 中。

表 2.2　迭代估计共通值的主轴因子分析法:以政治态度为例

变　量	F_1	F_2	h^2
X_1	0.731	-0.320	0.637
X_2	0.642	-0.282	0.492
X_3	0.550	-0.241	0.360
X_4	0.513	0.473	0.487
X_5	0.441	0.409	0.362
X_6	0.367	0.340	0.251
特征值	1.842	0.746	
被解释的百分比	30.7	12.4	

第 4 节 | 基于最大似然法的解决方案

　　最大似然法解决方案的总目标和最小二乘法一样:寻找能够对观察到的相关关系进行最好拟合的因子组合。对这个原则的非正式表述如下:我们假定观察到的数据构成了总体中的一个样本,一个有 k 个公因子的模型跟这个总体完全吻合,且在总体中这些变量(包括因子)是多元正态分布的。然而,被假定为未知的是参数的确切构成,即每个变量的确切负载。于是目标就成为(在给定的假设下)寻找潜在的总体参数,使之产生我们观察到的相关矩阵的可能性最大。一个基于相同原则但又稍微不同的标准是寻找假设性的因子构成,使 k 个公因子和观察到的变量的正则相关系数最大。第三个标准最后也指向相同的准则,即寻找使残差相关矩阵的行列式最大化的因子结构。所有这些标准在现实应用中都很复杂,基于相同原则的各种方法在通过迭代进行转换过程中的效率也有很大差别。目前约雷斯科格(Jöreskog,1967)的解决方案被公认为是最好的。

　　下面我们将证明,这个步骤在原则上和其他特征方程方法并没有大的不同。它的基本运算法则可以通过之前讨论过的行列式方程的形式表示:

$$\det(R_2 - \lambda I) = 0 \qquad [2.10]$$

此处 R_2 由以下方程得到:

$$R_2 = U^{-1}(R - U^2)U^{-1} \qquad [2.11]$$

$$= U^{-1}R_1U^{-1} \qquad [2.12]$$

此处 U^2 是在各个步骤中独有方差的估计值。方程 2.10 和方程 2.4 的不同之处在于,它用调整后的矩阵 R_2 代替 R,并在每次迭代中重新调整;它和最小二乘法的不同之处在于,R_2 在每个步骤中都被调整,且赋予有较小的独有方差的相关关系以更大的权重。注意方程 2.11 中 $(R - U^2)$ 这部分跟方程 2.9 中的 R_1 一样,唯一不同的是方程 2.11 或方程 2.12 中的加权因子。在最大似然法中,独有方差被看作"半"误差方差,因此这个方法给有更大共通值(或有更小独有方差)的变量以更大的权重,这符合统计估计的一般性效率原则,即给不那么稳定的估计以更小的权重。

我们之前提到过,最优的方法应该可以在模型被界定好、且数据没有误差的情况下准确地重现总体值。但有一些程序不一定能得到这样的结果,这取决于特定程序的收敛效率;然而原则上说,设计得好的程序应该可以做到。对表 1.1 对角线上方的样本相关关系运用最大似然法,且假设有两个因子,我们将得到表 2.3 的结果。

正如我们所预料的,显著性检验显示它进行了足够的拟合。下面列出的计算卡方的方程只是为了说明这个值取决于样本量,而自由度独立于样本量。卡方统计值由以下的方程决定:

$$U_k = N\{\ln|C| - \ln|R| + tr(RC^{-1}) - n\} \qquad [2.13]$$

$\ln =$ 自然对数,且 $tr =$ 矩阵的迹;

表 2.3　对表 1.1 对角线上方的数据运用最大似然法和两个公因子的方法

变量	未旋转的		共通值	用直接最小斜交标准旋转后	
	F_1	F_2		F_1	F_2
X_1	0.747	-0.300	0.648	0.817	-0.027
X_2	0.701	-0.266	0.562	0.754	-0.009
X_3	0.599	-0.176	0.389	0.602	0.046
X_4	0.428	0.362	0.314	0.027	0.547
X_5	0.505	0.605	0.621	-0.113	0.833
X_6	0.534	0.248	0.367	0.202	0.468
平方和[a]	2.132	0.749		1.652	1.215

有 4 个自由度的卡方 = 0.825

注：a.平方和与未旋转的结果中的特征值相等,将这个值除以 m 得到被该因子解释了的方差的百分比。在斜交旋转的结果中,它们所代表的只是或可称为各因子的"直接"贡献。总贡献(包括由于因子之间相关而导致的贡献)仍然等于未旋转的结果中的特征值之和。

$N =$ 样本量;

$n =$ 变量数;

$R =$ 协方差矩阵;

$C = FF' + U^2$,此处 $F =$ 因子负载且 U^2 为独有方差。

(实际上,检验最小二乘法用的是相同的方程,唯一不同的是对 F 和 U 的不同估计。)重要的是对一个固定的相关矩阵来说,U_k 的值随着 N 按比例增大。相应的自由度由以下方程得到:

$$df_k = 1/2[(n-k)^2 - (n+k)] \qquad [2.14]$$

在这里 k 是假设的因子的数量,n 是变量数。注意 df_k 不会受到样本量 N 的影响。

这个方法最大的优点在于,它提供了对大样本的显著性检验。如果卡方检验显示观察到的数据明显偏离有 k 个公因子的模型,我们就可以决定 $k+1$ 个公因子的模型是否合适。在探索性分析中,我们通常会从有一个公因子的假设开始,直到显著性检验表明我们得到的模型没有显著地偏离观察到的数据。尽管这些连续的检验并不互相独立,使用它们的时候也不必有太多顾虑(Lawley & Maxwell,1971)。

然而,在实际应用中,当样本量较大时,如果我们仅仅依赖于显著性检验,就会遇到一个问题,即我们得到的模型中的公因子数量比我们预期的更多。此外,因子模型只是对现实的近似表现,所以模型和数据之间如果有拟合上的细微问题,就有可能产生一个新的显著的因子。在第 4 章中我们将会再次讨论关于如何决定因子数量的一些问题。

第 5 节 │ Alpha 因子分析法

　　无论是最小二乘法还是最大似然法,它们都假定我们考虑的变量构成了总体,而且涉及的抽样只是对个体的抽样。然而,在 Alpha 因子分析法中,包含在因子分析中的变量被看作变量总体的一个样本,同时假定这些变量在一个给定的由个体组成的总体中被观察到。因此,在 Alpha 因子分析中,重点是强调心理测量的推论,而不是通常的统计推论。

　　凯泽和卡弗里(Kaiser & Caffrey,1965:5)认为这个方法基于一个原则,即我们抽取出来的公因子与相应总体中存在的公因子有最大的相关性,由此而决定因子负载。

　　对这种方法的另一种理解是把独有的因子看作心理测量抽样中产生的误差。由此,对共通值的估计被看作在测量背景下的“信度”。作为第一步,这种方法首先产生一个修正了“衰减”后的相关矩阵:

$$R_3 = H^{-1}(R - U^2)H^{-1} \qquad [2.15]$$

此处 U^2 和 H^2 分别是独有成分和共通值的对角矩阵(H^{-1} 是一个对角矩阵,它包含共通值的平方根的倒数)。然后与这个“修正了”的矩阵相关的行列式可以用通常的方程来解出:

$$\det(R_3 - \lambda I) = 0 \qquad [2.16]$$

我们对方程 2.16、方程 2.10 以及方程 2.15 和方程 2.11 做一些比较,说明它们之间的相似和不同之处是有启发性的。最大似然法用独有方差来调整矩阵,而 Alpha 因子分析法用共通值来调整矩阵。换言之,前者给有更大共通值的变量以更大的权重,而后者则相反。和之前一样,实际的解决方案是复杂的,因为我们要从初始的共通值开始,对它的值进行迭代直到得到最后的结果。

在 Alpha 因子分析法中,要保留多少个因子的标准是(与该因子)相关的特征值应该大于 1。这个标准等同于另一个标准,即与之相关的概化系数 α 在变量的总体中要大于 0(这种方法因而被称为 Alpha 因子分析法)。因此,这通常就不会有显著性检验,因为它假定我们正在考虑的就是所有个体构成的总体。

对表 1.1 的对角线上方的样本相关矩阵运用 Alpha 因子分析法得出的结果参见表 2.4,该表同时也给出了我们后面要讲的映像因子分析法的结果。

表 2.4 对表 1.1 报告的无误差的相关关系进行 Alpha 和映像因子分析法得出的因子负载[a]

变 量	未旋转的因子矩阵					
	Alpha			映 像		
	F_1	F_2	共通值	F_1	F_2	共通值
X_1	0.669	0.437	0.638	0.575	0.133	0.348
X_2	0.586	0.384	0.490	0.538	0.139	0.309
X_3	0.502	0.329	0.361	0.477	0.131	0.245
X_4	0.585	−0.382	0.489	0.372	−0.270	0.211
X_5	0.502	−0.329	0.360	0.335	−0.263	0.182
X_6	0.419	−0.274	0.251	0.287	−0.239	0.140

注:a.把这些值与 Kim-Mueller, University Paper 07—013 中的表 10 比较,在那个表中观察到的相关关系在此被完全重新生成。而且我们注意到,用 Alpha 因子分析法估计的共通值跟真实的共通值非常接近,而映像因子分析法对共通值的估计相对较差。

第 6 节 ｜ **映像分析**

　　映像分析区分了一个变量的共同部分和独有部分。一个变量的共同部分被定义为由一组变量中除这个变量之外的其他所有变量的线性组合所预测的部分，它被称为该变量的映像。变量的独有部分是这个变量中不能被其他变量预测的部分，它被称为反映像。在进行这种分解时，我们假定处理的是变量的总体和个体的总体，同时没有对它们中的任何一个进行抽样。

　　映像分析也假定这个变量的总体是无限大的。为了便于比较，我们回到图 1.1 所界定的两个公因子的模型。在那个模型中被界定的 6 个变量构成了某种意义上的总体。但是在映像分析中，这 6 个变量应该被视为一个无限大的变量总体中的样本，它跟两个公因子所覆盖的心理测量维度有关。

　　然而，如果研究潜在变量总体中的所有变量，我们可以发现，一个变量的映像的平方就等于公因子分析中所定义的变量的共通值，一个变量的反映像的平方就等于独有方差（在这里我们假定所处理的是标准化后的变量）。换言之，一个变量与该变量所属的变量总体中其余变量之间多重相关系数的平方跟该变量的共通值相等。

一个变量样本中的映像和反映像分别被称为偏映像和偏反映像。尽管偏映像只是近似于总映像,但它完全是被观察到的变量所决定的。从这个意义上讲,它和公因子分析有很大的不同,在公因子分析中变量的共同部分被定义为假设性因子的某种线性组合,且从来不是观察到的变量的确切函数。

给定一个变量的样本和它们之间的相关关系,映像分析能建构出一个偏映像协方差矩阵,它可以表示为:

$$R_4 = (R - S^2)R^{-1}(R - S^2) \qquad [2.17]$$

在此 R 是相关矩阵,S^2 是对角矩阵,它的元素是各变量中不能被其他变量解释的方差——或者说是反映像方差。在方程 2.17 中涉及的过程是:(1)把 R 的对角线替换为各变量与其他变量的多重相关的平方;(2)重新调整对角线以外的元素,由此得到一个 Gramian 矩阵。然后把特征方程应用到以下的矩阵:

$$\det(R_4 - \lambda I) = 0 \qquad [2.18]$$

然而,要保留的因子数量并不是由分析方程 2.18 的特征值得到的,而是用另一个矩阵($S^{-1}RS^{-1}$)替代方程中的 R_4 后,根据特征值大于 1 得到。通常来说,由此得到的要保留的因子数量较多——接近于被分析的变量数的一半。凯泽建议在进行合适的旋转后,放弃那些不显著的和无法解释的因子。对样本相关矩阵进行映像因子分析后得到的一些统计值显示在表 2.4 中。

第 **3** 章

旋转的方法

　　因子分析的第一步,通常是决定要充分解释观察到的相关关系所需的最少的因子数量,在这个过程中也决定各变量的共通值。因子分析的下一步是通过旋转寻找更简单和更容易解释的因子,同时保持因子数量和各变量的共通值不变。

　　上一章讨论的所有方法都可以生成初始因子,它们是垂直的关系,并且按照从最重要到最不重要的顺序排列。因子分析结果的这两个特点并不是数据结构中内在就有的;它们是对数据的强制限定,以使最后的结果唯一且在某种意义上可被限定。进行这些强制限定,其结果是:(1)无论潜在的真实模型怎样,变量的因子复杂性都可能大于1,也就是说,变量会在超过一个因子上有相当程度的因子负载;(2)除了第一个因子,其他因子是有两极的,也就是说,在一个因子上某些变量有正的负载,而另一些变量有负的负载(如果读者不理解这些描述的意义,可参看上一卷书第2章,并考察一些因子模式)。

　　目前有三种方法可以解决(因子)旋转的问题。第一种方法是像我们在上一卷书第2章讲过的那样,通过作图研究变量的模式,然后旋转数轴或者定义新的数轴,使得新的数轴能最好地满足我们的标准,即结构简单又有意义。当存在明显的变量丛时,且它们之间互相分离,如果使各轴都穿过一个变量丛,就可以得到简单的结构。但当模式并不那么清晰或者有很多因子需要考虑时,对初学者来说这样的图像旋转并不实用。

第二种方法是依靠一些分析性的旋转方法,在选择了是否达到简单化的判定标准后,它们不依赖于主观判断。这个方法有两种不同的亚类型——一种是正交旋转,另一种是斜交旋转。在各亚类型中又有很多不同的变型,但在本章中我们只介绍几种众所周知并广为应用的方法。

第三种旋转的方法是在旋转前定义一个目标矩阵或构成。这种旋转的目标是寻找最接近给定目标矩阵的因子模式。因为对目标矩阵的设定要求一定程度的知识和对因子结构性质的假设,因此这个策略跟验证性因子分析相近。

第 1 节 | 图像旋转、简单结构和参照轴

当(变量)丛不明显,或者有两个以上的因子需要考虑时,我们就很难使用图像旋转的方法。我们谈及这个方法仅仅是为了在介绍分析性的旋转方法时有一个起点。读者可以参考穆莱克(Mulaik,1972)的著作,书中对图像旋转进行了详细的介绍。

所有旋转方法的目标都是为了得到尽可能简单的因子结构。但遗憾的是,简单性这个概念本身并不那么直接,所以它没有给我们提供一个正式的和无异议的标准。瑟斯通(Thurstone,1947)对界定简单结构进行了最雄心勃勃的尝试,但现在我们一致认为他的标准并不一定都经得起分析性的考验。因为对瑟斯通的标准的理解需要有超平面和子平面的知识,对那些理解向量空间的读者,我们只展示穆莱克(Mulaik,1972:220)对这些标准的精彩介绍。在穆莱克的描述中,r 指的是公因子的数量,V 是有一个参照轴的参照结构矩阵。

(1)参照结构矩阵 V 在每一行至少有一个 0。这是在本章开头简单结构的定义所暗示的对简单结构的基本假定。

(2)在参照结构矩阵 V 的每一个 k 列,应该有一组数量至少为 r 的线性无关的可观察到的变量,它们与第 k 条参照

轴的变量的相关系数为 0（这可以在 V 的第 k 列找到）。为了超定（overdetermine）相应的参照轴，这个标准是必要的。

（3）对 V 的每两个列，其中一列中应该有几个 0，且另一列中相应的位置应不为 0。这个要求保证了参照轴的唯一性，以及它们对应的公因子空间的 $r-1$ 维度的子空间的唯一性。

（4）当得到 4 个或 4 个以上的公因子时，V 的每两个列应该相应有一定比例的 0。这个要求保证每个参照轴都只跟一些观察到的变量相关，从而保证把观察到的变量分到不同的丛中。

（5）V 的任何两列都只能有少数相应的位置不能为 0。这个标准进一步保证了变量的简单性。

这些标准从根本上都基于两个在某种程度上不同的考虑：(1)界定简单的因子结构标准的需要；(2)说明在各种情况下简单结构如何被清晰界定的需要。瑟斯通的标准对初学者来说难以理解，主要是因为关于第二个考虑的文献技术性很强且很复杂。然而，就我们的目的来说，第一个考虑是基础，第二个考虑代表的是技术上的要求，我们把它交给专家们去解决。

尽管很难说明什么构成了"简单结构"的最小要求，但对给定的 r 个因子和 n 个变量，要说明什么构成了可能的最简单的结构则相对容易。如果所有变量的因子复杂性都是 1——即各变量只在一个公因子中有不为 0 的负载，因子结构就是最简单的。如果有 2 个或 2 个以上的公因子，就意味着在最简单模式的矩阵中：(1)每一行都只有一个不为 0 的要素；(2)每一行都有一些 0；(3)对任何两个列，不为 0 的要素不会重叠。

在实际数据中,我们很难遇到这样的简单结构。因此问题就变成了如何"界定"因子结构,使之"最接近"最简单的结构。在这个问题上,专家们对在"不完美"模式中界定"简单"结构,以及为了得到这个简单结构的计算方法上有不同的看法。如前所述,瑟斯通的标准界定了在什么实证情形下简单结构可以被清晰定义。其中一种实证情况,是至少有3个变量清楚地在各个因子上有负载。但简单结构的定义并不依赖于这种实证要求,且在数据分析中实际确定简单结构时最好撇开这个标准。事实确实如此,因为在探索性因子分析中,研究者必须满足于手头上既有的变量,且在尝试给予因子意义前,就被迫把构成最简单结构的因子概念化。

在历史上,最早是通过参照轴来界定简单结构的。尽管对它的了解并不是绝对必须的(由于不依赖于参照轴的斜交旋转方法的发展),但我们还是会简单地加以介绍,因为因子分析的许多使用者需要依赖计算机程序,而这些程序是基于参照轴来提供斜交旋转的方法。

上一卷书中提到,初始的因子负载不过是在两条轴上对变量进行投影——也就是说,负载是通过对每个点往两条初始的正交轴上垂直画线,再读取其在两条轴上的交点而得到。要注意到,在这种正交方法中如果所有变量都在轴上,就可能出现简单结构。也要注意到,在正交的情况下,简单结构意味着一组点在另一条轴或因子上的负载为0(或投影为0)。如果丛之间的角度不是正交(即不为90°),投影为0就不可能。如果出现这么一个斜交的角度,新的步骤就是建立另一条垂直于超平面(在这个双因子的模型中,它只是一条线)的参照轴,它穿过被认为是主要因子轴的点丛(参看图3.1)。

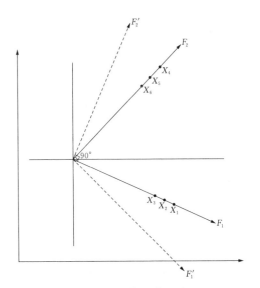

图 3.1 F_1 和 F_2 是主要的斜交因子，F_1' 和 F_2' 是相应的参照轴。X_1，X_2 和 X_3 在 F_2' 上的投影为 0，且 X_4，X_5 和 X_6 在 F_1' 上的投影为 0

　　因此，研究一个变量丛都在一条主轴上的情况，和研究一个变量丛在参照轴上投影为 0 的情况是一样的。（如果是从无误差的相关矩阵来研究）在我们设计出来的两个公因子的模型中，这种情况就是一组变量 X_1，X_2 和 X_3 在参照轴 R_2 上的投影或者负载为 0，而另一组变量在 R_1 上的负载为 0。在这个例子中，很难解释清楚为什么我们要依赖于参照轴，而不是直接画线穿过变量丛。我们只是说明当存在 2 个以上的因子，且变量并不像人为数据那样明显呈丛时，如何确定参照轴，并把这些参照轴在下一步或迭代中看作垂直的轴，从而能够帮助我们找到一个拟合得更好的主轴。在这里重要的是，记住旋转的基本目标始终是寻找一个因子模式矩阵，使之最接近于前面提到的最简单的理想结构。

第 2 节 │ 正交旋转的方法:四次方最大法、最大方差法和均等变化法

由于我们假定读者在实际分析数据时要依赖于现有的因子分析的计算机程序,因此我们只描述每种方法背后的基本原则。在前一章中,我们介绍了在给定 k 个公因子和 n 个变量情况下的最简单的结构。在这里总结一下这种矩阵的分析性属性是很有必要的。

因为一个变量只在一个因子上有负载,因此对变量的因子解释是最简单的。但那样的特点并不足以用数字表示它的简单程度。其中一种对简单程度的数学测量是每行(或每个变量)的因子负载的平方的变化程度(我们考虑负载的平方只是为了避免处理负载的正负号问题)。因为方差被界定为与平均值的离差的平方的平均值,如果其中一个元素的负载的平方等于共通值,且行中的所有其他元素都为 0,(对固定数量的因子和固定的共通值来说)这时方差将是最大的。简言之,一个变量的因子负载的平方的最大方差等于该变量因子复杂性的最简程度。因而,将因子简单程度的概念数量化是合理的:

$$\text{变量 } i \text{ 的因子复杂性} = \frac{1}{r}\sum_{j=1}^{r}(b_{ij}^{2} - \bar{b}_{ij}^{2})^{2} \qquad [3.1]$$

在此,r 是模式矩阵中列的数量,b_{ij} 是变量 i 在因子 j 上的因子负载,$\bar{b}_i^2$ 是行内因子负载的平方的平均值。方程 3.1 可以写成以下的形式:

$$q_i = \frac{\sum_{j=1}^{r} (b_{ij}^4) - (\sum_{j=1}^{r} b_{ij}^2)^2}{r^2} \qquad [3.2]$$

一旦得到了初始的因子结果,r 和各变量的共通值就固定了。因此,在正交方法中减号后面的部分仍固定,是因为:

$$\sum_{j=1}^{r} b_{ij}^2 = h_i^2$$

由此,简单程度的总测量就可以通过计算所有变量 q_i 的总和而得到:

$$q = \sum_{i=1}^{n} q_i = \sum_{i=1}^{n} \frac{\sum_{j=1}^{r} (b_{ij}^4) - (\sum_{j=1}^{r} b_{ij}^2)^2}{r^2} \qquad [3.3]$$

运用四次方最大标准会得到因子负载最小化 q 的旋转轴。然而,最小化 q 等于最大化以下项,因为方程 3.3 中的其他项都是常数,

$$Q = \sum_{i=1}^{n} \sum_{j=1}^{r} b_{ij}^4 \qquad [3.4]$$

因此,它被称为四次方最大法。

实际上,运用这个标准可能导致强调变量解释的简单性,但损害了因子解释的简单性。尤其是在涉及较少公因子的时候,一个变量的解释也更简单,而如果相对较少的变量在因子上有很高的负载,且其他变量在其上没有负载,因子的解释就更简单。总的来说,四次方最大原则倾向于某个一

般性因子在一些变量上有中等或较少负载的情况下产生最终的结果。

最大方差旋转法用一种稍微不同的标准来简化因子矩阵的各列。它最大化各因子负载的平方的方差,而不是最大化变量负载的平方的方差。要最大化的量——因子 j 的简单性指标为:

$$v_j = \frac{n\sum_{i=1}^{n} b_{ij}^4 - (\sum_{i=1}^{n} b_{ij}^2)^2}{n^2} \qquad [3.5]$$

注意现在是计算 n 个变量的总和,且跟方程 3.2 中的相应项不同,减号后面的 $(\sum_{j=1}^{n} b_{ij}^2)$ 不固定。对其简单性的总测量为:

$$V = \sum_{j=1}^{r} v_j = \frac{\sum_{j=1}^{r} n\sum_{i=1}^{n} b_{ij}^4 - (\sum_{i=1}^{n} b_{ij}^2)^2}{n^2} \qquad [3.6]$$

它被称为行最大方差标准。在迭代过程中,通常我们用正态化后的因子负载以减少初始负载对最后的结果影响过大的问题。在方程 3.6 中我们用 b_{ij}^2/h_i^2 代替 b_{ij}^2,用 b_{ij}^4/h_i^4 代替 b_{ij}^4 就可以得到这个标准。

在表 3.1 中,我们给出了用四次方最大法和最大方差法(正态化后)对相同的数据进行旋转的结果。在这里我们要指出,尽管四次方最大法在分析性上比最大方差法更简单,但最大方差法对因子进行了更清晰的区分。总的来说,凯泽的实验(Kaiser,1958)表明,对不同子集的变量进行因子分析时,用最大方差旋转法得到的因子模式比用四次方最大法得到的更稳定。

表 3.1 对表 2.3 展示的相同的模式矩阵运用最大方差和四次方最大旋转法[a]

变　量	最大方差旋转法		四次方最大旋转法	
	F_1	F_2	F_1	F_2
X_1	0.787	0.167	0.793	0.133
X_2	0.730	0.170	0.736	0.143
X_3	0.595	0.187	0.602	0.166
X_4	0.154	0.539	0.173	0.533
X_5	0.083	0.783	0.111	0.780
X_6	0.306	0.503	0.324	0.492

注：a.在这个例子中,四次方最大旋转法得到的第一个因子是"一般性"因子
的可能性很低。

考虑到四次方最大标准专注于简化因子矩阵的行,而最
大方差标准专注于简化因子矩阵的列,因此逻辑上我们也可
以考虑同时使用这两个标准,并给它们合适的权重。一般的
标准可以表示如下：

$$\alpha Q + \beta V = 最大 \qquad [3.7]$$

在此 Q 由方程 3.4 得到,V 由方程 3.6 得到(但为了处理上的
便利要乘以 n,因为乘以一个常数不会影响最大化的过程),α
和 β 是权重。这可以写成：

$$\sum_{j=1}^{r} \left(\sum_{i=1}^{n} b_{ij}^2 \right)^2 - \gamma \left(\sum_{i=2}^{n} b_{ij}^2 \right)^2 / n = 最大 \qquad [3.8]$$

在此,$\gamma = \beta/(\alpha + \beta)$。

如果 $\gamma = 0$,它就成为四次方最大标准;如果 $\gamma = 1$,它就变成
最大方差标准。当 $\gamma = r/2$,它被称为均等变化法;当 $\gamma = 0.5$,
它被称为二分四次方最大法。

第 3 节 | 斜交旋转的方法

斜交旋转比正交旋转应用得更广泛，因为它不对因子强加限制，即不要求它们不相关。它相对于正交旋转的优势在于，在进行斜交旋转后，如果得到的因子是正交的，我们就可以确定其正交特性并不是人为设定旋转方法的结果。然而，因为斜交法引入了因子之间的相关，因此对因子分析进行解释时另一种复杂性又出现了。尤其是我们可能要假定高阶的因子因果关系来解释因子之间的相关。此外，斜交旋转法有两种不同的方法———一种利用参照轴，另一种利用主模式矩阵。因为我们在前面的章节里讨论了获得简单结构的总原则，所以在此对它们的描述将尽可能简单。

基于参照轴的方法

这里涉及的所有方法都基于这样一个事实：存在可界定的变量丛，它们代表不同的维度，且如果这些丛被主因子正确地界定出来，各丛变量只会在一条参照轴有投影，而在其他参照轴上投影为 0。因此，跟四次方最大法的标准类似，我们可以定义四次方最小标准：

$$N = \sum_{i=1}^{n} \sum_{j<k=1}^{r} a_{ij}^2 a_{ik}^2 \qquad [3.9]$$

在此 a_{ij} 和 a_{ik} 是在第 j 条和第 k 条参照轴上的投影。如果所有变量都是单因子的，这个值会是 0。但我们在斜交旋转中要得到的是能够最小化 N 的因子负载。在正交旋转中，这个标准等同于四次方最大法。

对应于正交旋转法中最大方差法对四次方最大标准的修改，这里有最小协方差或二分四次方最小标准。在这里要最小化的值是在参照轴上的投影的平方的协方差：

$$C = \sum_{j<k=1}^{r} \left(n \sum_{i=1}^{n} a_{ij}^2 a_{ik}^2 - \sum_{i=1}^{n} a_{ij}^2 \sum_{i=1}^{n} a_{ik}^2 \right) \qquad [3.10]$$

同样地，如果我们用 a_{ij}^2 / h_i^2 代替 a_{ij}^2，我们就能得到一个基于正态化值的结果。如果应用到相同的数据上，最小协方差标准倾向于产生更少的斜交因子，而四次方最小标准倾向于产生更多的斜交因子。

由于两种标准有相反的倾向，因此结合它们就很自然。最一般化的方法为：

$$B = \alpha N + \beta C / n$$

= 最小，在此 α 和 β 是要加的权重，N 和 C 由前面的方程得到。　　　　　　　　　　　　　　　　　[3.11]

将方程 3.11 乘以 n，合并同类项，且设 $\gamma = \beta / (\alpha + \beta)$，我们得到一般的最小斜交标准：

$$B = \sum_{j<k=1}^{r} \left(n \sum_{i=1}^{n} a_{ij}^2 a_{ik}^2 - \gamma \sum_{i=1}^{n} a_{ij}^2 \sum_{i=1}^{n} a_{ik}^2 \right) \qquad [3.12]$$

当 γ 的取值不同时，这个一般化的标准有变化：

当 $\gamma=0$(斜交最明显)时,为四次方最小标准;

当 $\gamma=0.5$(斜交不那么明显)时,为二分四次方最小标准;

当 $\gamma=1$(斜交最不明显)时,为最小协方差标准。

这里再提醒一次,通常我们用 a_{ij}^2/h_i^2 代替 a_{ij}^2,使用正态化后的最小斜交标准。

另一个与发展最小斜交法过程中界定的原则紧密相连的标准,是二分正态最小标准,但它基于完全不同的算法。它尝试对方程 3.12 中的 γ 进行更客观的选择,修正四次方最小法"过于斜交"和协方差最小法"过于正交"的偏误。如果数据特别简单或特别复杂,相对于选择 γ 为 1/2 的二分四次方最小法,二分正态最小法被认为更理想。

基于因子模式直接进行最小斜交法的方案

近年来,延里希和桑普森(Jennrich & Sampson,1966)提出了一个标准,它基于简化主因子(而不是参照轴)上的负载,并成功地开发出计算机程序。要最小化的值跟方程 3.12 所定义的一致,唯一不同的是用主因子负载(在模式矩阵中的负载)代替参照轴上的负载。这个标准是:

$$D=\sum_{j<k=1}^{r}\left[\sum_{i=1}^{n}b_{ij}^2b_{ik}^2-d\left(\sum_{i=1}^{n}b_{ij}^2\sum_{i=1}^{n}b_{ik}^2\right)/n\right] \quad [3.13]①$$

在此 b_{ij} 是模式矩阵中的因子负载,D 和 B 之间的细微差别是在 D 中有除以 n。跟间接的最小斜交法一样,研究者可以通

① 原书中为 $D=\sum_{j=k=1}^{r}\left[\sum_{i=1}^{n}b_{ij}^2b_{ik}^2-d\left(\sum_{i=1}^{n}b_{ij}^2\sum_{i=1}^{n}b_{ik}^2\right)/n\right]$,即第一个求和符号下标不同,怀疑有误。——译者注

过选择方程 3.13 中的 d 来修改最终结果的斜交程度。

一般来说,如果 d 值越大,产生的结果斜交程度就越大;d 值越小(为负),则产生的结果正交程度越大。如果因子模式是单因子的(即可能的最简单的模式),$d = 0$ 就能界定正确的模式。

在这里有必要提醒一下。方程虽然相似,但我们并不清楚在直接的最小斜交法中 d 的选择与间接的最小斜交法中 γ 的选择之间的对应关系。为了更清楚地了解界定不同的 d 的影响,读者可以参考哈曼的书(Harman,1975)。

其他斜交旋转法

还有很多其他的斜交旋转法,在此我们简单介绍一些更广为人知的方法。

最大斜交标准(Saunder,1953)尝试通过最大化小的和大的负载的数量,牺牲中等负载,从而简化结构。作为一种客观的标准,它的方法是寻找将双倍的因子负载的峰度最大化的结果(这个翻倍通过将各负载计算两次而达到,即按负载的原符号计算一次,按负载相反的符号再计算一次)。这个标准和正交旋转法中的四次方最大法一样,但它在不限制数轴正交的情况下会得到与四次方最小法(四次方最大法在斜交旋转里的对应方法)不同的结果。

同时还要提一下另外两种旋转方法。目前被广泛应用的哈里斯和凯泽的正斜交旋转法(Harris & Kaiser,1964),及另一种可能的选择——最大平面法(Cattel & Muerle,1960;Eber,1966),这种方法基于一个跟前面提到的所有方法都不太相同的拟合标准。

第 4 节 ┃ 旋转至目标矩阵

　　除了运用旋转方法得到有分析性定义的简单结构外，有时候更理想的是旋转因子以拟合特定的、研究者头脑中已有的或者假设存在的简单结构。

　　第一种可能是，研究者给定了在各变量上的确切负载，根据最小二乘标准，通过限制或者不限制正交来进行旋转，使给定的矩阵和旋转后最后得到的因子矩阵之间的差别[①]最小。这种旋转通常用来研究一种因子结构和另一种已知的或在其他地方展现过的因子结构之间的一致性。

　　第二种方法被称为最优斜交旋转法，是一种通过利用正交旋转结果的某种函数作为目标矩阵来得到斜交旋转的方法（Hendrickson & White，1964）。最优斜交旋转法背后的原理是，正交旋转的结果通常跟斜交旋转的结果相似，通过将小负载减少到接近 0，我们可以得到一个相当好的简单结构的目标矩阵。然后通过给这个目标矩阵寻找拟合得最好的斜交因子，我们就可以得到理想的斜交旋转结果。另外还有不同的获得目标结构矩阵和目标模式矩阵的运算方法，但在这里我们不进行介绍。

　　———————————

　　① 原文为拟合最小，怀疑有误。——译者注

第三种也是更常用的方法,是利用一个没有前述的目标矩阵那么明确的目标矩阵。我们不是通过最小二乘法拟合一个所有值都设定好的目标矩阵,而只是设定 0 和 1。通常我们不知道具体的值,但知道哪些负载会更高,哪些负载会更低,因此这是最现实的目标矩阵。表 3.2 给出了这样的目标矩阵的例子。

这样的目标矩阵可以通过修改使它更一般化:有一些值可以设定为 0,有一些则设定为其他值,其余的让它们自由变化。这些会在验证性因子分析的章节中更详细地介绍。

表 3.2　有 0 和 1 的目标矩阵

变量	因子	
	1	2
X_1	1	0
X_2	1	0
X_3	1	0
X_4	0	1
X_5	0	1
X_6	0	1

第 **4** 章

再论因子数量的问题

　　尽管我们之前研究过初始因子分析的几种方法，其目的是寻找符合数据的最小数量的因子，但是有几个原因促使我们重新研究这个问题。第一，在讨论初始因子分析方法时，我们实际上假定了可以无异议地解决因子数量的问题，因此也没有讨论跟这个问题相关的技术点。第二，部分初始结果并不是回答这个问题的理想工具，因此需要重新研究旋转后的结果。第三，我们不得不解决由于因子分析模型和数据之间不完美的拟合所造成的问题。第四，大多数现有的计算机程序会要求使用者提供关于因子数量问题的信息，我们希望为读者应对这种情况做好准备。

　　解决因子数量的问题通常有几个原则。其中一些是替代性的选项，另一些则是可以互补的。最重要的原则是：(1)与最大似然法和最小二乘法相关的显著性检验；(2)各种特征值准则；(3)实质重要性的准则；(4)碎石检验；(5)可解释性和恒定性的准则。

第 1 节 | 检验显著性

纯粹从统计角度来说,如果方法所要求的假定都成立,那么与最大似然法相关的大样本卡方检验是最理想的方案。应用这个方法的结果显示,如果样本量很大,有很多变量,最后保留的因子数量往往远比研究者预期的因子数量大很多。尽管这确实算不上这个方法的缺陷,但它迫使研究者在找到统计上重要的因子后,依赖另一个准则,即实质重要性原则。

蒙特卡洛实验显示,最大似然准则在已知的没有实质上不重要小因子的总体模型上运用最合适。也就是说,它是解决抽样变异性有效的方法,但如果模型设定了小的偏误,它就不是最好的方法。只要样本量足够大,任何这些偏误都会被看作"重要的"维度,并且不能被抽样变异性所解释。因此,这意味着在进行了合适的旋转后,以实质意义为依据来忽略不那么重要的因子也许更好。

尽管我们把这种方法描述为一个保险的步骤——它检验单个公因子的模型是不是足够,如果数据"显著地"偏离单因子模型,我们就检验双因子模型是否足够,依次类推——但这个步骤用在大量变量上则很烦琐。因此,我们可以把其中一种决定公因子数量的快速方法(下面将会介绍)和最大似然法的检验结合起来。在一开始"猜测"了显著的因子后,如果数据明显地偏离假设的模型,我们可以增加因子的数量,或者如果初始的模型被认为足够而被接受,我们可以减少因子的数量(以保证我们获得符合数据的最少数量的因子)。从统计的角度来讲,最小二乘法没有最大似然法那么有效率,我们对检验显著性的方法也持有相同的看法。

第 2 节 | 通过特征值进行设定

　　最常用的解决因子数量问题的准则是在分解（未调整的）相关矩阵时保留特征值大于 1 的因子。这个简单的准则似乎很有效，它通常会产生与研究者的预期相一致的结果，它被应用到人为创造出来的总体模型的样本中也很有效。

　　在总体的相关矩阵中，这个准则总能设定公因子数量的下限。也就是说，用于解释相关矩阵的公因子的数量总是等于或者大于这个准则所界定的数量。然而，当我们考虑样本相关矩阵时，这个不相等的关系不一定能保持。尽管凯泽对它的有效性给出了很多解释，但接受这一准则仍然是基于探索性和实用上的考虑。在研究了其他更"复杂的"准则后，凯泽仍然坚持使用这个准则（Kaiser，1974）。

　　另一个相关的特征值准则是在分解简化后的相关矩阵（把多重相关系数的平方放在对角线上）时保留特征值大于 0 的向量。这个方法背后的原理是，在总体相关矩阵中，它对用于解释数据的公因子的数量规定了一个更为严格的下限。但用在样本相关矩阵上时情况可能不同，应用到实证数据上通常会产生多于依据其他考虑所能接受的因子数量。

　　在估计出共通值并将其插入到对角线上后，我们就可以运用这个特征值准则了。然而，如果有一些特征值为负（这种情况经常会出现),抽取所有特征值大于 0 的因子就没有什么意义。尽管正的和负的特征值的和与所有共通值的和(或者公因子所解释的方差)是一样的,但我们无法在方差的背景下有意义地解释负值,而且他们的存在使得正的特征值之和"膨胀了",因为它们的和大于共通值的和。哈曼(Harman, 1975:141)建议,在特征值的累积和大于所估计的共通值之和时就应该停止抽取公因子。

第 3 节 ｜ **实质重要性的准则**

　　考虑到"显著性"检验专注于抽样变异性,特征值准则专注于矩阵的一些抽象属性,我们用的第三种准则是直接考虑因子所应有的最低贡献,否则这个因子就会被认为在实质上是不重要的。当初始因子分析是基于对未调整的相关矩阵进行分解时,这个准则很容易理解;要设定的是要保留的最后一个因子所解释的总方差的比例(即变量的数量)(回顾我们讨论过的抽取因子的各种方法,初始因子都是按照其重要性的顺序排列的)。我们可以随意设定被认为实质上很重要的准则的水平。其中一些选择是 1%、5%或者 10%。但是,注意"特征值大于 1"的准则等同于将能解释的方差比例的最小值设定为百分比$(100/n)$。

　　另一方面,在我们讨论过的各种方法中,除了主成分分析法,在对调整过的相关矩阵进行因子分析时,要界定的部分是最后一个特征值相对于特征值之和(要进行因子分析的矩阵的对角线之和)的百分比。这个方法最大的劣势在于它运用了主观准则,最明显的优势是不熟悉矩阵特征值分解属性的研究者可以基于相对重要性的测量来进行解释,这种测量"看起来"也更容易解释。

第 4 节 │ 碎石检验

　　这是卡特尔(Cattell，1965)所推荐的检验。这个方法指示我们去研究特征值的图,在特征值(或特征根)开始变平并形成一条几乎是平行斜率的线时停止抽取因子。卡特尔称超过该点的平滑斜线为"因子垃圾或碎石"(碎石在此是一个地理学术语,指在石块坡的下面所找到的碎石)。图 4.1 给出了它的用法。基于这些结果,研究者总结出我们最多只能抽取 5 个因子。

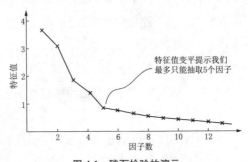

图4.1　碎石检验的演示

　　蒙特卡洛的一些研究显示,当研究的兴趣只是寻找主要的公因子,而次要的因子也存在时,这种方法往往比其他方法更优越(Tucker，Koopman & Linn，1969；Linn，1968)。有一些研究者,例如凯泽(Kaiser，1970),认为这种"观察特征根的"准则往往太主观,因为我们经常在特征根图中发现不止一个主要的断点,但却没有一个清晰的原则来让我们作出选择。

第 5 节 | **可解释性和恒定性的原则**

为了避免得到一些不可信的结果,一般的基本原则是尝试结合多种规则,但只接受被多种独立的准则所支持的结论,而把其他的结果看作暂时的假设(Harris,1967)。考虑到这种方法的复杂性和内在的不确定性,最后只能依据研究者所在领域中的现有学术水平来判断结果的合理性。这个准则难以捉摸,但或幸运或不幸的是,我们所有人都不得不接受这种情况,目的在于使我们的研究结果可以和其他科学家沟通。

第 **5** 章

验证性因子分析简介

迄今为止我们都专注于探索性因子分析,并且也强调为了运用这种技术,我们需要进行很多种假设,其中最重要的是因子因果关系和简洁性的假设。在这种分析中我们所做的都是给数据强加某一特定模型,寻找一个和数据最吻合的结果,我们可以合理地质疑,运用这种方法是否或者在多大程度上为因子分析性模型自身提供了实证支持。正如之前所述,无论结果如何,我们都不可能通过对协方差结构的观察来证明某种因果结构的存在。然而,我们可以估计因子模型在多大程度上被经验性地证实。

第 1 节 | 因子分析性模型被 经验证实的程度

与探索性因子分析相比,我们在验证性因子分析中介绍了更多关于因子结构的特有的假设,所以如果一些因子因果关系不存在,这些特有的假设被一个给定的协方差矩阵所支持的可能性就更小。从这个意义上说,大多数验证性因子分析可以提供自我检验的信息。如果一个给定的因子假设被数据支持,我们也会有更充分的信心认为,对这个数据而言该因子分析性模型比较合适(当然,在多大程度上被经验所证实会因不同的分析而异)。此外,即使是一个完全探索性的分析,它也能给我们提供不同程度的自我检验的信息。因此,在介绍验证性因子分析之前,重要的是讨论被一般经验证实的概念,以及一些用于判断我们的数据是否适合进行因子分析的方法。

一个例子

把因子分析性模型应用在双变量的相关关系上不会产生研究者已知以外的信息。这主要是因为一个单个公因子的模型总是和双变量相关关系相吻合。因此,因子分析从不在这种情况下运用,这不是因为因子分析性模型与数据不吻合,而是由于模型的经验证实度(以下简称"资讯性")为 0,同时也因为(尽管更微不足道)没有唯一的结果。考虑图 1.1 展示模型中的前两个变量。给定任何相关关系,我们都可以随意选择其中一个因子负载在 -1 和 1 之间(0 除外),且还能找到另一个因子负载使得它吻合观察到的相关关系。简单来讲,总是有和数据吻合的因子分析结果。

当因子分析被应用在三变量的相关矩阵上时,情况有些许改变。如果我们发现一个单个公因子的模型与数据吻合,这时经验证实度不等于 0,因为一些随机的相关矩阵不能和一个单个公因子的模型吻合。而且,如果一个三变量的相关矩阵和一个单个公因子的模型吻合,三个相关系数之间的关系就必须满足两个条件:(1)所有相关系数都是正的,或者负的系数的数量必须是偶数;(2)任何一个系数的大小要等于或大于剩下的两个系数的积:

$$| r_{ij} | \geqslant | r_{ik} r_{jk} | \qquad [5.1]$$

导出方程 5.1 所界定的条件是有意义的。考虑《因子分析导论:它是什么以及如何运用》中的图 18(或者图 1 的上半部分),由于

$$r_{12} = b_1 b_2 \qquad h_1 = b_1^2$$
$$r_{13} = b_1 b_3 \qquad h_2 = b_2^2$$
$$r_{23} = b_2 b_3 \qquad h_3 = b_3^2$$

接下来,让我们把两个相关系数相乘:

$$r_{12} r_{13} = b_1 b_2 b_1 b_3 = b_1^2 b_2 b_3 = h_1^2 r_{23} \qquad [5.2]$$

第一个等号后面的项是用因子负载来表示其相关关系,第二个等号后面的项经过了重新调整,最后的项是给因子负载代入相应的公因子和相关系数。对方程 5.2 做些许调整,且因为共通值不能大于 1,我们得到方程 5.1 所界定的条件:

$$h^2 = r_{12}r_{13}/r_{23} \leqslant 1$$

它暗示 $|r_{23}| \geqslant |r_{12}r_{13}|$。一般来说,所有三变量的单个公因子的模型都必须满足条件 $|r_{ij}| \geqslant |r_{ik}r_{jk}|$。由于不是所有随机生成的三变量的相关矩阵都满足上述条件,所以我们的数据符合一个单个公因子模型是有意义的,但并不是非常有意义,因为有很多随机矩阵也和单个公因子的模型吻合。换言之,有很多三个相关关系的随机矩阵符合方程 5.1 界定的条件。

在《因子分析导论:它是什么以及如何运用》的第 2 章我们讲过,一个基于单个公因子模型的四变量的相关矩阵要符合三个额外的条件,即

$$r_{13}r_{24} = r_{14}r_{23}$$

$$r_{12}r_{34} = r_{14}r_{23} \qquad [5.3]$$

$$r_{13}r_{24} = r_{12}r_{34}$$

这个原则很容易导出和记住,举例来说,因为 $r_{13}r_{24} = b_1b_3b_2b_4 = (b_1b_4)(b_2b_3) = r_{14}r_{23}$(相同的步骤在导出方程 5.1 中的不等关系中也使用过)。所以,一般来说,变量的数量越大,为了符合一个特定的因子模型,相关矩阵需要满足的条件就越多。因此,如果一个单个公因子的模型和一个四个变量的矩阵相吻合,它就给研究者提供了一定程度的经

验证实,说明因子分析模型并不完全是随意的。

于是,因子分析结果就可以提供一些对模型自身是否合适的经验证实,因为只有当相关矩阵符合一些限制时,一个给定的因子模型才能和数据吻合。此外,变量数对假设的因子数的比率越大,因子分析模型的经验证实程度就越高。因为它也暗示为了满足因子分析性模型,在相关矩阵中会存在更多的结构限制。

我们说过,在运用因子分析时要对数据强加各种假设。因此,我们可以仅仅根据这些假设的随意性或不合适而否定因子分析性模型。然而,在经验证实度很高的时候,我们要小心进行判断,因为我们要考虑到数据本身可能也存在结构限制(即缺乏随机性)。从另一种不同的角度看,我们可以说,在不同的应用中因子分析的资讯性不同;一些因子分析的结果比另一些结果资讯性更高。再有一种看待它的角度是因子分析能够提供自我检验的信息;一个给定的结果要满足的经验限制越多,我们对因子分析模型应用在数据上的合适性的信心就越大。因此,根据结果,即使是探索性因子分析也能提供模型是否合适和是否简洁的经验证实信息。

第 2 节 | 模型所暗示的经验限制的数量

　　由前面的讨论,我们明白,重要的是要知道一个给定的因子模型所暗示的经验限制的数量(为了拟合一个特定的模型,一个相关矩阵要满足的条件的数量)。幸运的是,这个数量等于最大似然法的显著性检验的自由度(对这个数量进行详细研究是有意义的,由此我们可以对因子假设和它暗示的自由度有更清晰的了解,这对理解接下来要讨论的验证性因子分析非常重要)。

　　然而,有很多种方法可以用来确定一个特定的因子模型所暗示的限制的数量。其中一个方法是用秩理论,它指出,如果把正确的共通值放入相关矩阵(由一个有 r 个公因子的模型产生),调整后的相关矩阵的秩(或者独立维度的数量)将会是 r,因此又暗示所有的超过 r 列和 r 行的子矩阵的行列式数量为 0。由此,我们可以对给定的因子数量和变量数量确定一个相关矩阵要满足的限制(Harman, 1976)。另一个方法是在显著性检验的背景下研究自由度。因为第一种方法得到的条件数量和运用显著性检验所确定的相同,因此我们将在第二种方法的更一般的背景下讨论。

　　为了举例,假设我们从一个经验性的相关矩阵开始。这个矩阵所包含的独立信息量为 $(1/2)n(n-1)$ ——对角线上方的单元格的数量。给定这样的数据,因子分析通过允许 $n \times r$(其中 r 是公因子的数量)的因子负载变化,使之最佳地重现观察到的相关矩阵,由此得到初始的结果。但在初始的因子分析中,我们要求这些 $n \times r$ 的因子负载满足一个条件,即最后得到的因子是正交的。这暗示强加了 $1/2r(r-1)$ 个条件。因此,为得到初始因子结果,我们有以下数量可自由变动的参数:

$$nr - (1/2)r(r-1) \qquad [5.4]$$

所以,在模型中一个经验性的相关矩阵要独立满足的条件数量是以下两者之差:

$$\text{所要求的经验限制的数量} = 1/2n(n-1) - [nr - 1/2r(r-1)]$$
$$= 1/2[(n-r)^2 - (n+r)] \qquad [5.5]$$

这和前面展示的自由度一样(当我们用一个协方差矩阵代替一个相关矩阵时,矩阵包含的独立信息量是 $1/2n(n+1)$,而不是 $1/2n(n-1)$。然而,最后的自由度仍然相同,因为要增加额外限制,使得因子分析模型可以在这个协方差矩阵上运用)。

为了熟悉方程 5.5 所暗示的内容,我们在表 5.1 中给出了多种因子数量和变量数量组合的实际值。有几点要指出:第一,一般来说,随着变量数对因子数的比率的增加,要满足的经验限制的数量也在增加。第二,如果经验限制的数量为负值,因子分析结果就不能对模型提供任何经验证实。因此,一般来说只考虑对数据有一些经验限制的因子模型是有意义的。举例来说,对一个有 4 个变量的矩阵运用 2 个公因子的模型,或者对一个有 6 个或 6 个以下数量变量的矩阵运

表 5.1　与 n 个变量和 r 个因子相关的自由度[a]

变量数 (n)	因子数				有正的自由度的因子的最大数量	独立系数的数量 $\frac{1}{2}n(n-1)$
	1	2	3	4		
3	0	-2	-3	—	无	3
4	2	-1	-3	-4	1	6
5	5	1	-2	-4	2	10
6	9	4	0	-3	2	15
7	14	8	3	-1	3	21
8	20	13	7	2	4	28
9	27	19	12	6	5	36
10	35	26	18	11	5	45
11	44	34	25	17	6	55
12	54	43	33	24	7	66
20	170	151	133	116	14	190
40	740	701	663	626	31	780

注：a. 一般化的公式为 $D = \dfrac{(n-r)^2-(n+r)}{2}$ ＝ 数据要满足的限制的数量。

用 3 个公因子的模型,都是没有意义的。第三,因子数保持不变,随着变量数的增加,所要求的限制会迅速增加。因此,在因子分析中每增加一个变量,就可以对因子分析性结果增加很多经验性的内容。第四,如果我们把这个数字作为经验证实度的指数,它暗示真正重要的不是比率,而是变量数和假设的公因子数之间的差。需要注意的是,要满足的限制的数量在以下组合中几乎相同:1 个因子和 7 个变量(14);2 个因子和 8 个变量(13);3 个因子和 9 个变量(12);等等。但没有理由认为这个指数是经验证实度的直接测量。另一个可以考虑的选项是(a)要满足的限制数对(b)观察到的矩阵中独立的系数数量的比率。尽管我们没有把这些比率显示在表中(基数在最后一列),但需要指出的是,这个测量所显示变量数对因子数的比率会比这个粗指数所显示的更重要。

在评价因子分析结果的经验证实度时,要考虑两个问题。第一个是这些要求即使在总体中完全得到满足,也可能在样本中无法完全满足。第二个是即使在总体中,因子分析性模型也未必完全和数据吻合。因此,在评价这个要求时要考虑些许不拟合的情况。但最让人沮丧的是在实际分析中没有办法把这两个问题分离开来。因此,实际上我们不能只用方程5.5作为对经验证实度的测量。给定观察到的数据和因子分析结果之间的一定程度的拟合,一个需要满足更多经验限制的结果的证实度就更高。但为了进行评价,我们要寻求一种方法来测量拟合度。

经验证实度或信度

和一些初始因子分析方法相关的显著性检验评价了假设的模型和观察到的数据之间的差异在多大程度上可以归结为抽样误差。显著性检验直接依赖于样本量,只要样本量够大,模型和观察到的数据之间的任何差异都会变得显著。其原因在于,如果因子模型和总体数据完全吻合,样本量越大,总体值和样本统计量之间的差别就越小。如果样本量非常大,那么离差就要非常小。

当研究者怀疑存在次要的因子,但不愿意或者无法确定它们的结构时,这个统计原则就会出问题。在这种情况下,显著性检验不一定能反映模型充分与否——也就是说,即使被确定的因子模型很简洁,即它能解释大部分观察到的协方差,给数据结构带来了一些规则,检验也可能会显示该模型在统计上是不充分的。因此，我们需要一个描述因子模型是否充分的指数，它在概念上要和统计显著性不相关。

我们需要的统计量是对观察到的相关矩阵和重制的矩阵之间差别的测量。哈曼建议，一种方法是用残差均方——它把观察到的相关关系（根据因子分析的最后结果）和预测到的相关关系之间离差的平方加总——除以我们要考虑的单元格的数量：

$$\sum_{i\neq j}\sum (r_{ij} - \hat{r}_{ij})^2 / [n(n-1)]$$

此处的加总是对所有不在对角线上的元素加总（Harman，1976：176）。然而，这个测量没有一个便于参考的上限，所以我们很难解释它的相对大小。

另一个测量是塔克和刘易斯为最大似然因子分析法设计的信度系数（Tucker & Lewis，1973）。这个测量依据的是剔除最后一个因子的影响后矩阵内剩余的相关系数。因此，它最终依据的是观察到的相关关系和基于因子分析结果的相关关系之间的拟合程度。然而，他们的信度系数整合了另两项调整：它把总差别除以自由度，因此调整了因子分析结果之间的潜在差异，且它比较了调整后的离差以及可与之比较的假设因子不存在情况下的离差，因此使它成为削减调整后的误差比例的一种测量。因此，这个系数取值在 0 和 1 之间，前者意味着最差的拟合，后者意味着完全拟合。方程的简化形式是：

$$\mathrm{rho} = \frac{M_0 - M_k}{M_0} \qquad [5.6]$$

在此 M_0 等于在没有因子作用下的预期的 χ^2 除以 $(1/2)n(n-$

$k-1)$[1]，M_k 等于最后结果的 χ^2 除以 $(1/2)[(n-r)^2 - (n+r)]$（Sörbom & Jöreskog，1976:4—5）。当样本量增大时趋近于方程 5.6,对其更为有用、但没那么准确的描述是：

$$近似的\ \mathrm{rho} = 1 - \frac{E_1}{E_2}$$

在这里 $E_1 = \sum\limits_{i=j} \sum (r_{ij \cdot F})^2 / df_k,$

$E_2 = \sum\limits_{i=j} \sum (r_{ij})^2 / [1/2n(n-1)]。$

在此 $r_{ij \cdot F}$ 是 k 个因子的作用被剔除后变量之间的偏相关系数,df 是自由度,它在探索性因子分析中是 $1/2[(n-r)^2 - (n+r)]$,但在验证性因子分析中会更大些(剩余偏相关系数不过是一个标准化后的预测的相关系数和观察到的相关系数之间的差)。

---

① 原文为$(1/2)n(n-k1)$,怀疑有误。——译者注

第 3 节 | 另一种概念的经验 证实：抽样准确性

传统的统计检验假设抽样的对象是单位（物体或实体），但现实中我们不能忽略它可能涉及一定程度的心理测量抽样——我们所分析的变量几乎总是潜在的更大领域的相关变量的一个子集。因而我们要考虑给定的数据（变量的子集）是否足以进行因子分析（读者可能还记得映像因子分析和 Alpha 因子分析都假设过这样的心理测量抽样，但这个问题实际上跟任何类型的因子分析都有关）。

一般来说，在其他情形不变的情况下，经验证实度在下列情况下会更大：（1）变量数增加；（2）公因子数减少；（3）剩余相关系数减少；（4）因子的确定程度提高。前两个条件与因子模型强加在数据上的经验限制的增加直接相关，第三个条件测量的是因子模型在多大程度上解释了观察到的共变关系，最后一个条件界定了各变量的方差被公因子解释的多少。最后一个条件和抽样准确性的概念直接相关，因为在其他情形不变的情况下，随着变量数的增加和相关系数大小的平均值的增加，总的因子的确定程度也会增加。

凯泽（Kaiser，1970，1974）提出了测量抽样准确性的实用指数,他称之为对"抽样准确性的"总的测量。

$$\text{MSA} = \frac{\sum_{j \neq k} \sum r_{jk}^2}{\sum_{j \neq k} \sum r_{jk}^2 + \sum_{j \neq k} \sum q_{ik}^2} \qquad [5.7]$$

在此 r_{jk} 是最初的相关系数,q_{ik} 是反映像相关矩阵中的一个元素[①],它由 $Q = SR^{-1}S$ 得到,其中 R^{-1} 是相关矩阵的倒数,且 $S = (\text{diag}R^{-1})^{1/2}$。这个指数值域在 0 和 1 之间。实际上,在且只有在相关矩阵的倒数的所有非对角线元素都为 0 的时候,这个指数才为 1,这又意味着在这种情况下所有变量都可以被组内的其他变量准确无误地估计出来。这个测量的阅读指南如下(Kaiser, 1974):

0.90 或以上,很高;

0.80 或以上,较高;

0.70 或以上,中等;

0.60 或以上,较低;

0.50 或以上,很低;

0.50 以下,无法接受。

凯泽声称分析数据的丰富经验显示,MSA 的大小随以下情况而改进:(1)变量数的增加;(2)公因子数的减少;(3)个案(实体)数的增加;(4)平均相关系数的增大(Kaiser, 1970)。

概括一下,在多大程度上一个给定的因子分析模型适合

---

① 原文为 r_{ij}、q_{ij},有误。——译者注

我们研究的问题,数据所提供的经验证据是因情况而异的。研究者应该了解什么条件可以改善因子分析的资讯性。此外,因子分析的初学者应该依据类似于凯泽的 MSA 之类的实用指数来粗略地判断自己的数据是否适合运用这种技术。当然,理论上的正当性是最终决定的基础。

第4节 | 验证性因子分析

　　任何验证性因子分析的最起码的要求是我们要事先假设公因子的数量。然而,如果非要说这个假设跟直觉或猜测不同,那是因为它依据的是我们对所考虑的变量性质的理解,同时也依据哪个因子可能在哪些变量上有负载的预期。对这点无论怎么强调都不过分,因为这些因子分析假设的实际形式几乎是无限的。

　　我们可以把验证性因子分析分成两大类:(1)只涉及一个群体或总体,(2)涉及两个或更多的群体或总体。下面我们先介绍第一类。

一个群体或总体

　　给定一个群体的协方差矩阵,在验证性因子分析中,我们从假设用于解释观察到的协方差结构的因子结构开始。然后我们评价观察到的数据结构是否"显著地"偏离假设的结构。在极端情况下,假设可能设定:(1)公因子的数量;(2)因子之间关系的性质——正交或者斜交;(3)各变量因子负载的大小。在另一种极端情况下,假设可能只是设定了潜在的公因子的数量。当然,很多可能的假设都在这两个极端之间。

　　形式最简单的验证性因子分析只设定了公因子的数量，因为它和探索性因子分析区别不大，这里只需要进行简单的解释。对这种假设，我们用正交或斜交因子模型都不重要，要么用显著性检验，要么用其他标准（例如信度系数）来评价初始因子分析结果是否充分就可以了。因此，这里要指出的唯一一个差别是我们根据事先的考虑由一定数量的因子开始，而在探索性分析中我们由一个"保险的"数量开始，如果发现最初猜测（的数量）不充分，就要增加这个数量。需要提醒的是，完全依赖显著性检验是不明智的，除非你愿意接受实质上不那么重要但统计上显著的因子。如果使用了经验认定的方式，我们最好是旋转初始的因子结果以判断产生的结构是否有意义。

　　另一个极端也很容易说明。如果研究者对因子数量、因子之间关系的性质、因子负载有特定的假设，无论是检查根据假设重新生成的相关矩阵和观察到的相关关系之间是否足够相似，或者是把假设作为目标矩阵，寻找与其能有最大程度的相似性、且能最大程度重新生成观察到的相关关系的矩阵，都是可能的。在前一种情况下，对假设是否充分的检查取决于对协方差矩阵之间相似性的检验，在后一种情况下，对两个因子结果之间的相似性进行检验以做评估是有必要的。读者可以参考本丛书中的一本来了解更详细的信息（Levine，1977）。一般来说，在实际的因子分析中我们不能预期研究者能有如此明确的假设。然而，如果我们正在比较根据一个数据而来的因子分析结构和根据其他数据而来的结构，就有可能作出这样的假设。这种情况可被归纳到我们下一个即将讨论的更一般的方法下。

因为索博姆和约雷斯科格最新的验证性因子分析程序允许较大程度的灵活性，因此我们会简单介绍程序中一些重要的设定选项（Sörbom & Jöreskog, 1976）。我们可以用几种方法设定任何参数。在因子分析中涉及的参数包括因子负载（公因子的 nr）和因子之间的相关系数（$1/2r(r-1)$），这些参数中的任何一个都可以固定为特定值或者允许它自由变动。通常来说，最有用的固定参数的方法是设定某个负载为 0。举例来说，如果固定所有因子相关关系为 0，也就等于设定了正交旋转的结果。另一种设定参数的方法是限定某个参数等于另一个参数。

为了使前面的讨论更加具体，我们在表 5.2 中给出了 3 个设定自由的和固定的参数的例子。在这些例子中，X 代表可自由变化的参数，0 代表固定的参数——固定为 0。我们可以把参数固定为其他值，例如 1.0、0.5，等等，但我们认为研究者也许只知道在哪里负载会高，在哪里负载会低。第一

表 5.2   验证性因子分析设定参数的 3 个例子[a]

变量	例 1			例 2			例 3		
	F_1	F_2	F_3	F_1	F_2	F_3	F_1	F_2	F_3
X_1	X	0	0	X	X	0	X	X	X
X_2	X	0	0	X	X	0	X	X	X
X_3	X	0	0	X	X	0	X	X	X
X_4	0	X	0	X	X	0	X	X	0
X_5	0	X	0	X	0	X	X	X	0
X_6	0	X	0	X	0	X	X	0	0
X_7	0	0	X	X	0	X	X	0	0
X_8	0	0	X	X	0	X	X	0	0

注：a. X 代表可自由变化的参数，0 代表固定为 0 的参数。

个假设设定一个单因子的结构——在给定变量数后可能的最简单的结构,第二个假设预期有一个一般性因子和两个群体因子,第三个假设设定一个特殊的层级关系。研究者当然也可以在这些模式中引入很多修正。

在进行上面例示内容的同时,我们也要设定因子之间关系的性质。这种设定最常见的形式是:(1)将所有的因子关系设为 0——正交假设;(2)允许所有相关关系变化——斜交假设;(3)混合形式,即其中一些假定为正交,其他则允许取任何值。

表 5.3 给出了验证性因子分析的例子,采用的是表 1.1 的样本数据。如果研究者愿意,可以假设:(1)有两个潜在的公因子;(2)两个因子可能是相关的;(3)其中一个因子在 X_4, X_5 和 X_6 上的负载为 0,另一个因子在 X_1, X_2 和 X_3 上的负载为 0。

表 5.3　解决斜交因子模式的固定的和自由变化的参数[a]

变　量	因　　子	
	F_1	F_2
X_1	X	0
X_2	X	0
X_3	X	0
X_4	0	X
X_5	0	X
X_6	0	X
因子之间的相关系数		
	F_1	F_2
F_1	1	
F_2		1

注:a. 0 表示固定的参数,X 表示可以自由变化的参数。在录入协方差矩阵后,因子相关矩阵中的 1 可以认为是固定的。然而,在计算自由度时,我们把这些值看作一般性设定的一部分,所以我们不把 1 看作固定的。

　　请注意，与探索性因子分析相比，我们在 $12(nr)$ 个参数中固定了 6 个参数（因子负载），但在因子协方差矩阵中允许一个参数自由变化。所以，我们强加了 5 个附加的限制。但不是所有这 5 个限制都会反映在增加了的自由度上。在探索性因子分析中，我们也用了 $\frac{1}{2}r(r-1)$ 个隐含的条件以使某个特定结果唯一。因此，增加了的自由度是 $5-\frac{1}{2}r(r-1)=4$。一般来说，有固定参数值的模型的拟合程度会比没有固定参数值的模型差。但如果假设的模型是合适的，增加了的自由度不仅弥补了损失的拟合，而且还增进了拟合。

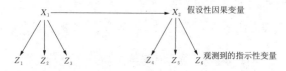

图 5.1　涉及两个假设性变量和指示性变量的因果模型

　　同时要注意的是，对一个六变量的模型运用三个公因子的模型没有多大意义。然而，如果假设的因子结构有足够的限制来获得许多的自由度，把这样一个模型运用在这些数据上是可能的。举个例子：设定 X_1 和 X_2 只在因子 1 上有负载，X_3 和 X_4 只在因子 2 上有负载，X_5 和 X_6 只在因子 3 上有负载。

　　在此我们提醒一下，本章所例示的原则可以被一般化（超越纯粹的因子分析）到协方差矩阵。尤其是可以结合因子分析和通径分析或回归分析的特点。举例来说，如果我们有一组变量表示一个理论性变量（F_1）的指标，它影响另一个理论性变量(F_2)，对这个理论性变量我们也有一组指示性变量，这样的关系系统可以很容易地用验证性因子分析的扩展形式来分析。在这个特定的例子中，模型可以被界定为一个有两个相关因子的验证性因子分析，正如图 5.1 所表示的那样。要注意到这样的模型跟表 5.2（样本 1）所界定的结构没什么不同，它们都对因子之间的关系没有限制。在这里我们只是提到了验证性因子分析最简单的扩展形式；有兴趣的读者可以参考约雷斯科格（Jöreskog，1970）以及索博姆和约雷斯科格（Sörbom & Jöreskog，1976）更完整的展示。

比较因子结构

验证性因子分析的另一种用法是对几个群体比较因子结构。举例来说，我们可以假设黑人政治态度的因子结构和白人的是一样的，或者一个社会的认知结构和另一个社会是一样的。我们也可以界定因子结构的某些方面在不同群体中是一样的，但另一些方面却是不同的。

由约雷斯科格和索博姆设计的、可以进行模型修改的验证性因子分析程序 COFAMM：Confirmatory Factor Analysis with Model Modifications，可以处理非常一般性的假设。例如它允许对单个群体进行各种因子假设检验——一些参数可以是固定的，或者允许自由变化，或者一些参数可以限制为等于另一些参数。此外，通过使用"限制的"参数，一个群体的参数结构的任何一部分都可以设定为和另一个群体的该部分相同。

作为示例，我们再看一下政治态度的例子，我们感兴趣的是比较白人的因子结构和黑人的因子结构。特定的假设可以有以下形式：(1)白人和黑人都有两个斜交因子；(2)变量 X_1(对学校的资金支持)，X_2(降低失业率的开支)和 X_3(对大企业的控制)在白人和黑人相同的因子上有相同的负载；同样，对两个种族而言，X_4(校车接送计划)和 X_5(工作配额)都在另一个因子上有负载；(3)这两个群体在 X_6(启蒙计划)上的预期负载会不同。在这种情况下，我们可以在单群体的分析中设定白人的参数，所有黑人的参数都限制为和白人相同，除了一个(涉及 X_6 的)参数。验证性因子分析的详细例子，以及更一般化的"协方差结构"分析都可以在约雷斯科格(Jöreskog，1967)的著作中找到。

第**6**章

建立因子尺度

　　检查了因子分析结果后,我们出于两种不同的原因需要建立因子尺度。第一,在发现了数据中的一些潜在维度后,研究者可能想从这些维度而不是各个变量来研究个案。第二,研究者也许在另一个研究中想用一个或多个因子作为变量。实际上,除了心理测量的文献,因子分析似乎更经常被用作其他研究建立因子尺度的工具,而不是作为研究因子结构本身的工具。在本章中,我们会讨论建立因子尺度的多种方法。会讨论到的方法包括:(1)回归估计;(2)基于理想变量的估计,或者"最小二乘"原则;(3)巴特利特(Bartlett)的最小化误差方差方法;(4)有正交性限制的估计;(5)简单地把有高因子负载的变量相加;(6)建立主成分尺度。这些方法将在建立因子尺度的多种重要背景下讨论。

第1节 | 因子尺度的不确定性

首先，假定我们的数据没有误差，也假定数据是由一个单个公因子的模型生成的。建立因子尺度的主要目标是以观察到的变量 X 为基础决定每个个案在公因子（F）上的取值。回顾我们迄今讨论的材料，很明显我们可能无法由变量准确地确定公因子，因为各变量都包含一个特有的成分，且它与变量的共同部分混合在一起无法分离。一般来说，我们能做的最多就是从变量中得到对公因子的取值的估计。由于这个原因，因此我们说建立因子尺度总有一些不确定性。

为了说明这一点，让我们考虑一个有 3 个变量的单个公因子的模型。需要特别指出的是，我们假定所有因子负载都相同（或者所有相关系数大小都相同）。这样的例子展示在图 6.1 的左半部分。在这样的模型中，观察到的变量之间的相关关系等于各因子负载的乘积，因此在本例中它就等于一个因子负载的平方，因为所有的因子负载都相等：

$$r_{ij} = b_i b_j = b_i^2 = b_j^2 = h^2 \qquad [6.1]$$

这个方程也显示出观察到的相关关系等于变量的共通值。

我们继而通过合并观察到的 X 来建立一个指标（如果你喜欢，也可以称之为因子尺度）。因为每个变量在公因子上

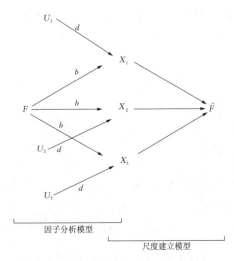

图 6.1　表示因子和因子得分的路径模型

有相同的负载,因此这种情况下给它们相同的权重再相加是合适的。我们得到的指标可以用以下方程表示:

$$\hat{F} = X_1 + X_2 + X_3$$

这其中包括图 6.1 右半边表示的因果指向。尤其要注意到指标 $\hat{F}$ 有 4 个最终的来源变量——公因子 F 和 3 个独有的因子,U_1,U_2 和 U_3。因此,由于独有因子的存在,F 和 $\hat{F}$ 之间的相关不会是完美的。下面我们研究潜在的公因子和因子尺度之间的相关程度,即尺度的信度。

因子尺度的信度

尺度($\hat{F}$)的方差很容易通过应用上一卷书第 2 章所用的期望运算导出。得到的 $\hat{F}$ 的方差用 X 的方差表示则为:

$$\mathrm{var}(\hat{F}) = \mathrm{var}(X_1) + \mathrm{var}(X_2) + \mathrm{var}(X_3) + 2[\mathrm{Cov}(X_1, X_2)$$
$$+ \mathrm{Cov}(X_1, X_3) + \mathrm{Cov}(X_2, X_3)]。 \qquad [6.2]$$

该简化是由于在这个例子中权重为 1。这个方程可以通过假定各变量的方差为 1 来继续简化,这样协方差不仅和相关系数相等,且互相相等:

$$\mathrm{var}(\hat{F}) = n + 2[r_{12} + r_{13} + r_{23}] \qquad [6.3]$$
$$= n + n(n-1)r$$

(这样实际上就相当于把 X 相关矩阵中的所有元素相加。)

$$= n[1 + (n-1)r]$$
$$= n[1 + (n-1)h^2]$$

因为 $r_{12} = r_{13} = r_{23} = r = h_i^2$(参见方程 6.1)。

然而,$\hat{F}$ 中的一些方差由独有因子所贡献,它们的贡献为 $\sum d_i^2 = \sum(1-h_i^2)$,它可以继续被简化为 $n(1-h^2)$。因为在这个例子中所有共通值都被假定为相等,因此,$\hat{F}$ 的方差中被公因子解释的部分为:

$$r^2_{(F, \hat{F})} = \frac{\mathrm{var}(\hat{F}) - n(1-h^2)}{\mathrm{var}(\hat{F})}$$

$$= \frac{n[1 + (n-1)h^2] - n(1-h^2)}{n[1 + (n-1)h^2]} \qquad [6.4]$$

$$= \frac{nh^2}{1 + (n-1)h^2}$$

$$= \frac{nr}{1 + (n-1)r}$$

它等同于 Spearman-Brown 的信度公式,它是 Cronbach

Alpha 系数的特殊情况(Cronbach, 1951; Lord & Novick, 1968)。(读者应该还记得,在这种情况下 h^2 可以被相关系数 r 代替。)

　　为了让读者熟悉因子尺度的不确定程度或者说预期"信度",我们通过表 6.1 给出了共通值和变量数的常见组合的"信度"值。我们注意到,当共通值的值(因子负载或者相关系数)固定,随着变量数的增加,信度就增加。同时也注意到,即使有相同的较高的因子负载(例如 0.8),但如果我们只有很少的几个变量,信度也较小。

　　我们也应该注意到,在建立尺度的过程中,通常会标准化 $\hat{F}$,使之平均值为 0,方差为 1。这样的标准化很直接,且可以被纳入到权重里,但它的价值只是修饰性的。

表 6.1　不同的统一因子负载值和变量数的预期信度
(因子和它的平方后的尺度的相关系数)[a]

因子负载	0.4	0.5	0.6	0.7	0.8	0.9
共通值(h^2)或者变量之间的相关系数	0.16	0.25	0.36	0.49	0.64	0.81
变量数						
2	0.276	0.400	0.529	0.658	0.780	0.895
3	0.364	0.500	0.628	0.742	0.842	0.927
4	0.432	0.571	0.692	0.794	0.877	0.945
6	0.533	0.667	0.771	0.852	0.914	0.962
8	0.604	0.727	0.818	0.885	0.934	0.972
12	0.696	0.800	0.871	0.920	0.955	0.981
20	0.792	0.870	0.918	0.951	0.973	0.988

注:a. 信度(α)的公式 $= \dfrac{n(r)}{1+(n-1)r} = \dfrac{n(h^2)}{1+(n-1)h^2}$。

因子负载不相等的情况

迄今为止我们不仅假定因子负载是统一的,而且假定模型是没有误差的。我们现在研究在更复杂的情况下会发生什么。在一个公因子模型中因子负载不完全统一的情况下,将会导出一个有不同相关系数的矩阵。如果我们简单地通过把观察到的变量加总而建立一个因子指标,得到的尺度的信度为:

$$\text{Cronbach 的 alpha 系数} = \frac{\text{简化过的相关矩阵中的元素之和}}{\text{相关矩阵中的元素之和}}$$

$$= \frac{\text{var}(\hat{F}) - \sum d_i^2}{\text{var}(\hat{F})}$$

$$= \frac{\text{var}(\hat{F}) - \sum (1 - h_1^2)}{\text{var}(\hat{F})} \qquad [6.5]$$

如果所有共通值都一致,它就等同于方程 6.4。一般来说,给定相同数量的平均共通值(或者平均相关系数),负载统一情况下的信度比不统一时要高。因此,表 6.1 为多种组合的负载很好地展示了信度的上限,这些负载是表中给出的负载的平均值。

然而,更重要的问题是给定不同的因子负载,我们应不应该在建立因子尺度时给予相同的权重。让我们来考虑一个比较极端的例子,其中的一个共通值为 1,即一个观察到的变量和潜在的因子相连不可分。在这种情况下,我们可以用该特定变量来描述潜在的因子,忽略其他的变量;增加其他公因子小于 1 的变量只会歪曲了尺度。

因此,一般来说,当因子负载不统一时,简单地通过把所有变量加总来建立因子尺度是不合适的。如果一个单个共同因子的模型和数据完全吻合,正如这里假定的那样,最优的解决方案相对简单;给予各变量的权重可以由以下得到:

$$B'(R^{-1}) \qquad [6.6]$$

(此处 B 是因子负载的向量,R 是 X 的相关矩阵)

它等同于把因子回归到变量上得到的回归权重。在此我们最大化 F 和 $\hat{F}$ 之间的相关系数,它的平方可以由下列方程得到:

$$一般化的信度 = \frac{\mathrm{var}(\hat{F}) - \sum_i (1-h^2) w_i^2}{\mathrm{var}(\hat{F})} \qquad [6.7]$$

在此,w_i 是方程 6.6 中给出的各变量的回归权重,所建立的尺度的总方差由下列方程得到:

$$\mathrm{var}(\hat{F}) = \sum_i \sum_j w_i w_j r_{ij} \qquad [6.8]$$

它等于把调整后的相关矩阵的所有元素都加总,各元素都乘以相应的权重 w_i 和 w_j(调整后矩阵在它的主对角线上会包含给定变量的各个权重)。因为这个值等于多元 R^2,它不会小于最大的共通值。因此,如果一个变量跟潜在的公因子完全一样,这个变量会得到所有的权重,而其他的变量会被忽略。

在建立指标的时候,另一个重点是当我们用不同的权重时,让一个变量有较高的负载通常比让很多变量有中等的负载要重要。同时要记住,尺度的信度至少会跟最高的负载的平方相等。

第2节｜抽样变异性和模型拟合的不同标准

迄今为止,我们讨论了理想的情况,即单因子模型和数据完全吻合,且没有抽样变异性(当然,这暗示着我们假定潜在的模型完全可以被识别)。当在数据中引入抽样变异性时,我们在样本中观察到的关系就不会跟总体中的真实情况完全一致。即使一个单个公因子的模型在总体中跟数据完全吻合,这样的模型也不可能完全解释在数据中观察到的样本关系。这个问题要求研究者用一个标准来评价尺度和潜在的因子之间的拟合程度。在文献中有以下三种标准。

回归的方法

第一个标准是找一个因子尺度$(\hat{F})$,这个尺度$(\hat{F})$和潜在的公因子(F)之间的相关系数最大。或者换言之,这个标准就是最小化两者之间的离差的平方,即最小化$\sum(F-\hat{F})^2$。为了符合这个标准,我们要运用回归的方法。这种方法之所以可能,是因为因子分析给我们提供了因子负载,它们等同于因子(在建立尺度时预测)和观察到的变

量(被用作预测变量)之间的相关系数,以及预测变量之间的
相关系数,它们只是观察到的 X 之间相关系数。这两组相关
系数是我们在解一般回归方程时所需要的所有信息。预期
得分由以下方程得到:

$$\hat{F} = XR^{-1}B \qquad [6.9]$$

此处 B 是因子负载的矩阵,X 是观察到的变量,R 是 X 的相
关矩阵。注意到前面我们已经给出了加权系数(方程 6.6)。
唯一的不同是在方程 6.9 中我们可以用预测的相关系数
(BB′)来代替实际的相关系数,这样做不会改变原则,因为在
无误差的总体模型中这两者是等同的。在现在的情境下,重
新生成的相关系数一般来说跟观察到的相关系数是不同的。
尺度的预测信度同样可以由方程 6.7 得到。

最小二乘法标准

在单个公因子的模型中,每一个变量都被看作公因子和
独有因子的加权和:

$$X_j = b_j F + d_j u_j$$

接着我们考虑在因子尺度中用预测的 $\hat{F}$ 代替 F。这个标准
是构建一个 $\hat{F}$ 使得以下的平方和最小。

$$最小化 \sum_i \sum_j (X_{ij} - b_j \hat{F})^2 \qquad [6.10]$$

该标准导出的权重为:

$$\hat{F} = X(BB')^{-1}B \qquad [6.11]$$

注意到它和方程 6.9 之间唯一重要的不同之处在于,我们用重新生成的相关关系(BB′)代替了观察到的相关关系(R)。因此,在我们处理总体的变量,且它们和单因子模型完全吻合时,这两个标准会得到相同的指标。然而,当样本的相关关系和总体的相关关系趋异时,这两者也会趋异。

巴特利特标准

第三个标准是在研究拟合程度时考虑抽样变异性。如果我们把独有的方差看作半误差的方差,正如在最大似然因子分析法中的那样,给包含更多随机误差的变量更少权重,而给包含更少误差的变量更多权重是合理的。因此,这里使用的准则是在对每个元素用误差方差的倒数加权后,最小化方程 6.10 中给出的平方和。这个标准是最小化:

$$\sum_i \sum_j (X_{ij} - b_j \hat{F})^2 / d_i^2 \qquad [6.12]$$

结果是包含共通值较小的变量被给予更小的权重。因此,在因子负载不统一的情况下,这个标准得到的尺度跟前面两种标准所得到的会不一样。导出因子尺度的方程 6.13 看起来很复杂,但其背后的原则并不难以理解:

$$\hat{F} = XU^{-2}B(B'U^{-2}B)^{-1} \qquad [6.13]$$

此处 U^2 是独有方差的对角线矩阵。在方程中 U^{-2} 可以被视为前面描述过的一种加权方法。

第 3 节 | 多个公因子和更复杂的情况

　　让我们假设有超过两个公因子，把情况设置得更复杂些。前一节中讨论过的三个标准可以被一般化到多变量的情况下，也可以被一般化到正交或者斜交因子分析法中。此外，我们讨论过的单个因子的情况，在考虑多变量和任何特定公因子时也成立。然而，我们建立的尺度一般来说不可能和相应的潜在因子完全相关，这会在多个因子的情境下引出两个附加的问题：(1)如果潜在的因子之间是正交的，这些不完美的尺度之间会不会也是正交的；(2)各个尺度是不是只和它试图测量的因子相关，而不与其他变量相关，如果因子尺度和其他潜在的因子之间的偏相关在控制了它测量的因子之后为 0，那么该因子尺度是否就被称作单一的？一般来说，对任何一种建立尺度的方法，这些要求都不能同时被满足。即使潜在的因子之间被假定为正交的，因子尺度之间也会互相相关；此外，如果我们假定的是斜交模型，因子尺度之间的相关将不能正确地反映因子之间潜在的相关。最后，一个因子的尺度会和其他潜在的因子相关。

　　但在一种特殊情况下这些要求都能满足：(1)因子分析性模型和数据完全吻合，且没有任何抽样或测量误差；(2)每个变量仅在一个因子上有负载。如果这两个条件都满足，我们可以分别考虑每个因子或维度,这就回到了我们前面讨论过的无误差数据下的单个公因子模型的情况。我们之前提到过,在那种情况下,在选择建立尺度的方法上没有任何模棱两可的地方——我们研究过的所有标准都会得到一样的尺度。但遗憾的是,这种理想情况在实际中不可能出现。

然而,在另一种情况下有一些建立尺度的方法可以满足尺度的正交性和单一性要求。如果最初未旋转的因子是通过最大似然法(或者正则方法)得到的,且如果这些尺度是通过回归或者巴特利特方法建立的,那么这些未旋转的因子的因子尺度将会是正交的和单一的。然而,这只提供了些许安慰,因为我们不能期待潜在的因子模型是正交的。此外,在正交旋转后回归方法不能满足任何一个要求,而巴特利特方法只能满足单一性的要求。因此我们讨论过的任何一种方法都不可能得到正交的尺度。

这些结果促使我们考虑安德森和鲁宾(Anderson & Rubin, 1956)提出的第四种标准。安德森-鲁宾标准是巴特利特标准的修正,它最小化巴特利特标准所用的加权平方和,其限制是建立的尺度要互相正交。因此,不管因子是否被旋转过,只要它们是基于正交旋转的方法,这个标准就能够产生互不相关的因子尺度。然而,这些尺度对旋转后的结果来说不是单一的,即使初始的旋转结果是基于最大似然法。

如何选择

在这些方法中进行选择时,研究者必须考虑这些方法内在的特点,同时也要考虑因子分析以外的要求。以下我们对这些方法内在的特性做一些综述。就潜在的因子和它相应的尺度之间的相关关系来说,回归法要比巴特利特方法更好,但巴特利特方法又要比最小二乘法好。就单一性的要求而言,巴特利特方法最好,但就正交性的要求来说,安德森-鲁宾标准更理想。然而,考虑到在大多数研究情境下,研究者不大可能会坚持潜在因子之间的正交性,因此实际的选择就在回归法和巴特利特方法之间。

我们也要讨论其他一些因素,这些因素有的把选择变得更复杂,有的把选择简单化。第一,用不同方法得到的尺度之间通常有很高的相关关系,因此,对任何研究来说,选择都应该是基于学术考虑的。建立尺度的一种方法和另一种方法一样,都要能够满足要求(Horn, 1965;Alwin, 1973)。第二,选择也依赖于要研究的特定问题。塔克(Tucker, 1971)指出,当因子尺度和外部变量相关时,一些方法在某些特定类型的研究中更合适。更具体地说,他证明了通过回归法得到的尺度无法让我们正确地估计假设的因子和外部变量之间的相关系数,但其他的方法则能让我们做到这一点。另一方面,如果使用因子尺度的主要目的是为了把它作为外部变量的预测变量,那么基于回归法得到的尺度也许会更好。

然而,要注意的是,我们迄今为止的讨论都是基于一个假设,即因子模型在总体中和数据完全吻合,所以模型和数据之间的任何差别都被假定为随机抽样误差的结果。但是,如果我们预期的这种完全吻合不出现,或者我们只是把因子分析用作在数据中把变量分成主要大类的探索性方法,此时我们之前探讨的所有细节都成了次要问题,因子分析以外的考虑则更重要。

第4节 ｜ 基于因子的尺度

　　基于两种完全不同的原因，我们可能考虑只运用因子分析中得到的一些信息来建立尺度，而不是依赖于我们迄今为止讨论的因子尺度。第一，我们可以接受因子分析性模型在总体中与数据完全吻合的假设，但同时也认为在因子分析结果中得到的一些值会受到抽样误差的影响。在此我们可以忽略因子负载中的特定变化，只把一类信息看作相关的：一个变量要么在给定的因子上有负载，要么没有负载。第二，尺度可以通过对有足量负载的变量加总、忽略只有少量负载的其余变量而得到。通过这种方法建立的尺度不再是因子尺度，而只是基于因子的尺度。这样建立尺度背后的原因是：(1)即使在总体中一些变量的因子负载为0，它们在特定的样本中也不为0；(2)即使在总体中因子负载是统一的，它们在样本中也不会如此。这种情景下的常规做法是把因子负载小于0.3看作不足量的负载。

　　这种建立尺度的方法是否合理，取决于它背后特定的假设在多大程度上合适。理想状况下，我们可以用验证性因子分析来检验这些假设。然而，如果这些"简单的负载模式"被验证性分析所支持，那么它就不再是一个基于因子的尺度，而是一个合理的因子尺度。但是，实际上即使我们进行这样的检验,而且它们确实也表现出统计上显著的偏差,但这也只是程度的问题,而且与简单负载之间的少量偏差仍然可以被忽略,下面我们说明具体原因。

解释建立简单指标做法的合理性的基础则完全不同(我们假定这类尺度方法是最简单的,但这并不是使用它最重要的理由)。通常我们不会预期因子分析性模型和数据完全吻合,原因有以下两点:(1)变量的非随机测量误差;(2)没有设定的,以及在概念上和我们感兴趣的领域不相关的次要因子也许能够解释观察到的部分相关关系,继而影响我们得到的权重。因此,我们不能只看一个给定的因子分析结果的取值。保守的做法是把因子分析中得到的结构只看作建议性的,只表示数据中的集群,而没有其他。换言之,我们一旦认为所得到的特定数量(的因子)包含了相当程度的"噪音",聪明的做法就是忽略次要的差别和偏离。

表 6.2   验证性因子分析的结果,使用的是表 1.1
对角线上方的相关矩阵和表 3.2 设定的模型 *

变 量	因 子		共通值 h^2
	F_1	F_2	
X_1	0.792	0	0.624
X_2	0.756	0	0.571
X_3	0.633	0	0.501
X_4	0	0.577	0.333
X_5	0	0.669	0.448
X_6	0	0.635	0.404
$r_{F_1F_2} = 0.501$			

$\chi^2 = 4.6534$
$df = 8$
可能性 = 0.7939

注:* 这些结果通过 LISREL Ⅲ得到,而不是通过 COFAMM 得到。

也许有人会反对在建立这种尺度时所采取的漫不经心的态度。也有人可能会顾虑简单地把观察到的变量进行组合也许不是最优的方案,因为给予不同的权重会增加尺度和观察到的变量之间的总的相关(也就是说,他们顾虑的是把简单的加总作为代表原始变量中包含的信息这一方法是否高效)。即使考虑到这一点,简单的加权仍然是合理的,因为权重的细微变化不会导致尺度(变量的某种组合)和所有变量的多重相关关系有多大的变化(Wang & Stanley,1970;Wainer,1976)。第3章提到的一个问题要谨慎处理。如果因子分析性模型被认为如实地反映了数据,那么忽视很高的因子负载——例如0.9——且给予它们与低负载的项目相同的权重,将会有不良后果。总而言之,我们认为因子尺度和基于因子的尺度在实际研究中都有它们合理的位置。

第 5 节 | **成分得分**

最后,我们想评论一下由主成分分析法产生的尺度。正如之前提到(强调)的,主成分分析法背后的原则与因子分析不同。因此,它们不能相互代替。但在实际研究的更大背景中,它们都有合理的应用。在一些情况下成分得分可能比因子尺度更合适。尤其是如果目的只是对原始数据中包含的信息进行简单的总结,而不需要因子分析性的假定,那么使用成分得分绝对要比因子尺度好。这也是为什么对成分尺度进行评论很重要的原因,即使只是简单的评论。

正如前面提到的,主成分法不过是对原始变量进行准确的数学转换。因此,用原始变量的组合来确切地表示成分是可能的,我们可以称其为成分得分,而不是尺度或估计。这个得分从各种原始变量的组合中得到,这些原始变量的权重跟他们的成分(因子)负载成比例。

$$\text{成分得分} = \sum_j \left[(b_{ij}/\lambda_i) X_j \right] \qquad [6.14]$$

在此 b_{ij} 是第 j 个变量在第 i 个成分上的负载,λ_i 是相应的特征值。方程中除以特征值只有修饰作用,因为它只是保证最后得到的指标的方差为 1。

第7章

对常见问题的简单回答

第 1 节 | 与变量的性质以及它们的测量有关的问题

1. 因子分析要求测量哪个层次的变量?

因子分析要求变量的测量至少为定距层次(Stevens, 1946)。在因子分析中要把相关矩阵或协方差矩阵作为基本数据就暗示了这个要求。此外,把变量设定为潜在因子的加权和,以及把因子尺度的建立作为观察到的变量的加权和,在定序或定类变量的情况下都无法确定。

2. 用 Kendall 的 tau,以及 Goodman 和 Kruskal 的 gamma 作为相关关系的测量代替一般的相关系数是否合适?

不合适。正如上面提到的,对定序变量无法进行加法运算,因此因子分析性模型不能整合定序变量。我们可以在因子分析中把这样的矩阵仅仅只作为探索用途,但我们无法给予这些结果统计上的解释。(有一些非度量尺度法被设计出来专门处理非度量变量。)

3. 基于以上的回答,在变量的矩阵基础不明确时,研究者是否应避免运用因子分析?

不一定。许多变量,例如对态度或观点的测量,以及许多测试成就的项目都没有明确的度量基础。但是,我们一般假定很多"定序变量"可以赋予数值而不扭曲其潜在属性。对这个问题的最终回答取决于两个考虑：(1)任意给定的值在多大程度上反映了潜在的距离；(2)调整尺度的扭曲程度多大程度上导致了相关关系(将作为因子分析的基本数据)的扭曲程度。幸运的是，相关系数在被扭曲为定序层次的情况下仍较为稳定(Labovitz，1967，1970；Kim，1975)。因此，只要我们认为对定序类别给予数值所造成的扭曲不是很严重，那么把定序变量作为度量变量仍是合理的。然而，我们应该注意到在因子分析性结果中由于非随机测量误差导致的可能的扭曲，即使这些扭曲是轻微的。

4. 二分变量如何？有些人认为把因子分析应用到二分变量上没有问题，原因有二：(1)因为给二分类别赋值并不真的要求有测量假设；(2)因为前述观点，ϕ 和皮尔逊相关系数等同，而它是因子分析中对相关关系的合适测量。因此，把因子分析应用到 ϕ 的矩阵中难道不合适吗？

不合适。首先，我们不能在因子分析性模型中表达二分变量。更具体地说，回顾 Kim/Mueller，University Paper 07—013 的第 2 节，在因子分析中，每个变量都被假定为是至少两个潜在因子(一个公因子和一个独有因子)的加权和。即使这些潜在的因子也有两个值，正如在 University Paper 07—013 中的表 1 所展示的那样(在真正的因子模型中这种情况很少出现)，观察到的变量的值至少包含了四个不同值，这明显不符合二分变量的情况。因此，无论如何在二分数据中运用因子分析法都是不合适的，除非只是为了探索。以下三个问题也是相关的。

5. 前述回答暗含的意思让人担忧。因为我们一般把潜在的因子看作可能是连续的,所以我们预期的变量包含许多类别。然而,我们处理的大多数变量通常只有有限的类别——是或否,同意或不同意,或者最多有非常同意,同意,中立,不同意,非常不同意,等等。这是不是真的就意味着我们把因子分析用在了不符合因子分析模型的数据上?

从某种意义上说,是的。严格来说,只有少量类别的变量是不符合因子分析性模型的。如果我们把观察到的变量看作代表了粗略的测量或对相邻值的分组,问题就不再是数据是否内在的符合因子分析模型,而是非随机测量误差是否以及在多大程度上扭曲了因子分析的结果。对数值进行分组当然影响了相关系数,但其程度取决于分组的粗糙程度、分布的形状等。然而,即使在严重的测量扭曲情况下,把因子分析作为探索性的工具也有一些令人鼓舞的看法(参见下一个问题)。

6. 在什么情况下,我们可以把因子分析运用到包含二分变量或只有少量类别变量的数据上?

一般来说,类别的数量越多,扭曲的程度越小。即使对二分变量,如果因子分析只用作寻找一般变量丛的工具,且如果变量之间潜在的相关系数被认为是中等的——例如小于 0.6 或 0.7,用 phi 也是合理的。原因是连续变量的二分化弱化了相关关系,这个弱化也受到切点的影响。然而,当潜在的相关关系不是很高时,切点的变化对相关系数的影响可以忽略。因此,分组一般弱化了相关关系,但不会影响数据中集群的结构——因为因子分析只依赖于相关关系的相对程度。如果研究者的目的是寻找集群模式,使用因子分析则是合理的(Kim，Nie & Verba，1977)。

7. 如果因为切点导致的扭曲比由于分组导致的(相关关系的)弱化更严重，为什么不用如 ϕ/ϕ_{max} 或者 R/R_{max} 代替 ϕ 或者 r 进行调整？

这个修正只有在潜在的分布形状有特定的形式时(可能性很低)(Carrol，1961)，或者当潜在的连续变量之间完全相关时，才是合适的。如果是完全相关，进行因子分析就没有意义。因此，使用这样的修正是自相矛盾的(Kim et al.，1977)。

8. 有没有可以更直接地解决这些测量问题的方法？

文献中提出了两种方法。这两种方法都假设二分或多分变量是通过分组而得到，且这些变量是潜在的连续变量的指标变量，因子分析实际上是运用到这些潜在的连续变量上。因此，为了解决因子结构的问题，我们要找出潜在的变量之间的相关关系。其中一种做法是用四分相关系数代替 phi。这个方法只是探索性的，因为四分相关经常出问题，且其相关矩阵不一定是格拉姆式的(Bock & Lieberman，1970)。另一个方法是直接处理潜在的多变量的分布，而不是基于双变量的表格来计算四分相关系数。这是个有潜力的突破口，但即使使用现代计算机，其计算量也很大(Christ-offersson，1975)。

第 2 节 | 与使用相关或协方差
矩阵有关的问题

1. 用协方差矩阵和用相关矩阵有什么不同吗?

这取决于:(1)变量是否有可相比的矩阵;(2)使用的是哪种抽取因子的方法;(3)我们是否要比较因子结构。如果我们只考虑一个群体(或样本),并且使用的是无尺度的抽取方法,例如最大似然法、Alpha 因子分析法或者映像分析,且我们的目的是确定潜在的维度,那么使用哪种矩阵都没有多大区别。然而,如果我们用协方差矩阵,且尺度变化很大,尺度因子会把对结果的解释复杂化。因此,如果变量之间的方差有差别,且尺度变化很大,例如一个变量的单位是美元,另一个变量的单位是年龄或受教育年限,第三个变量是一个 5 分的李克特量表。此外,出于实际操作的考虑,我们推荐相关矩阵。一些计算机程序不接受协方差矩阵,而且文献中的许多例子都是基于相关矩阵。

2. 什么时候用协方差矩阵更好?

如果考虑要比较不同群体的因子结构,用协方差矩阵更好。原因是相关矩阵是通过按照样本特有的标准——例如样本平均值和方差——来调整变量而得到。由于这个原因,即使理论上认为因子分析涉及不变的因素,我们也不能预期它们在群体(样本)之间不变,因为在计算相关系数时,测量尺度在不同群体间被重新标准化了(Kim & Mueller,1979中有对一般性因果分析中标准化变量的后果的解释和讨论;也可参考 Sörbom & Jöreskog,1976:90)。

3. 如果目的是在不同群体间比较因子结构,而变量的测量尺度差别较大,我们应该怎么做?

其中一种方法是用一般的标准,例如把合并后的群体作为参照群体的平均值或者方差,来标准化变量。这样就可以计算各群体的方差—协方差矩阵。这跟使用群体各自的相关矩阵不同,因为那么做意味着用群体(或样本)各自的标准来转化各个群体的变量。

第 3 节 | **与显著性检验和因子分析
结果稳定性有关的问题**

1. 如果运用最大似然法和相关的显著性检验,要求的最小样本量是多大?

样本量越大,χ^2 的估计越好。劳利和麦克斯威尔(Lawley & Maxwell,1971)建议样本量至少比考虑的变量数多 51,这时检验才是合适的。也就是说,$N - n - 1 \geqslant 50$,在这里 N 是样本量,n 是变量数。当然,这只是一般性的经验原则。

2. 各假设性的因子应该有多少个对应的变量?

瑟斯通建议每个因子至少有 3 个变量,但如果运用验证性因子分析就没必要满足这个要求。一般来说,研究者大多同意变量数至少为因子数的 2 倍。

3. 变量的多元正态分布假定总是必要的吗?

因子分析性模型本身并不要求这样的假定。例如,即使用二分因子,我们也可能建立一个因子分析性模型。然而,最大似然法和相关的显著性检验要求这个假定。但一般来说,我们对违反这个假定的后果并没有清晰的理解。

第 4 节 ｜ **其他各种统计问题**

1. 因子负载的正负号含义是什么？

正负号本身没有内在的含义，它也不应该用来估计变量和因子之间的关系大小。但是，相对于其他变量的正负号而言，对给定因子的变量的正负号有其特有含义，不同的符号意味着变量和因子之间的关系是相反的。因此，最好在因子分析前把变量编码成相同的方向。

2. 与旋转后的因子相关的特征值的含义是什么？一个给定的旋转后的因子所解释的方差比例意味着什么？

与未旋转的因子相关的特征值跟旋转后的因子的特征值的意义不同，除了特征值的和相同。在最初的因子分析结果里，特征值的降低程度告诉我们各因子的相对重要性。旋转后的结果则不同。一旦我们通过旋转分离了不同的维度，数据中的方差作为整体有多少被各因子所解释就不那么重要了。

3. 为了得到"更高层次的"因子分析结果，用因子尺度之间的关系来进行因子分析合适吗？

不合适。因子尺度之间的相关跟潜在的因子之间的相关不同。我们应该用由独有因子结果产生的相关矩阵数据进行更高层次的因子分析。

4. 如果正交的因子结构跟数据吻合,我们可以声称潜在的因子结构是正交的吗?

不可以。正交性是由研究者强加的。然而,如果我们应用斜交旋转法却得到一个正交结构,或者在呈现出来的图像上我们看到变量成直角集群,这时我们可以声称潜在的结构是正交的。

5. 我们可以引入一些变量,而其中一些是另一些变量的原因吗? 也就是说,有没有必要保证引入的所有变量在因果顺序中处于同一层次?

一般来说,引入的变量不应该是另一些变量的原因。因子模型假定所有观察到的变量都由潜在的因子导致。然而,出于其他目的,有经验的用户可以把因子分析应用到变量的因果系统中(Stinchcombe, 1971)。

第 5 节 | 与书、期刊和计算机程序 有关的问题

1. 有没有什么因子分析的书或者文章是初学者能读懂和理解的？

实际上没有。大多数都要求有一定的技术背景。不过以下的材料相对来说要容易些：Rummel，1967；Schuessler，1971；Cattell，1952；Comrey，1973；Fruchter，1954。

2. 哪些书是认真的读者应该考虑研究的"更深入的"书？

Harman，1976；Mulaik，1972；Lawley & Maxwell，1971。

3. 周期性地发表因子分析文章的主要期刊有哪些？

Psychometrika；*British Journal of Mathematical and Statistical Psychology*；*Educational and Psychological Measurement*。

4. 哪些一般性的统计包含因子分析程序？

SPSS，OSIRIS，SAS，BMD。

5. 我们应该知道哪些更专门的处理因子分析的程序？

Kaiser's-Little Jiffy，Mark IV；Sörbom and Jöreskog，COFAMM。

6. 主要的模拟研究报告可以从哪里获取？

Tucker，Koopman & Linn，1969；Browne，1968；Linn，1968；Hakstian，1971；Hakstian & Abell，1974。

注释

[1] 当潜在的结构很复杂,例如像瑟斯通的盒子问题那样,通常很难纯粹基于分析性的原则,准确地从协方差矩阵中重制出潜在的模式。我们也许需要拟合超平面和可视化旋转的帮助。

参考文献

Alwin, D.F.(1973) "The Use of Factor Analysis in the Construction of Linear Composites in Social Research." *Sociological Methods and Research 2*: 191—214.

Anderson, T. W. and H. Rubin (1956) "Statistical Inference in Factor Analysis." *Proceedings of the Third Berkeley Symposium on Mathematical Statistics and Probability 5*: 111—150.

Asher, H. (1976) "Causal Modeling." Sage University Papers on Quantitative Applications in the Social Sciences, 07—003. Beverly Hills and London: Sage Pub.

BMDP-77: *Biomedical Computer Programs (P-Series)*. W.J.Dixon, Series Editor, M.B.Brown, Editor 1977 edition. Los Angeles: Univ. of California Press, 1977.

Bargmann, R.E.(1957) "A Study of Independence and Dependence in Multivariate Normal Analysis." *Mimeo Series No. 186*. Chapel Hill, N.C.: Institute of Statistics.

Bartlett, M. S. (1937) "The Statistical Conception of Method Factors." *British Journal of Psychology 28*: 97—104.

Bock, R.D. and R.E.Bargmann(1966) "Analysis of Covariance Structure." *Psychometrika 31*: 507—534.

Bock, R.D. and M.Lieberman(1970) "Fitting a Response Model for N Dichotomously Scored Items." *Psychometrika 26*: 347—372.

Bock, R. D. and A. C. Peterson (1975) "A Multivariate Correction for Attenuation." *Biometrika 62*: 673—678.

Browne, M.W.(1968) "A Comparison of Factor Analytic Techniques." *Psychometrika 33*: 267—334.

Cofamm: Confirmatory Factory Analysis with Model Modification User's Guide. Sörbom, D. and Jöreskog, K.G.Chicago: National Educational Resources, Inc., 1976.

Carroll, J.B.(1953) "Approximating Simple Structure in Factor Analysis." *Psychometrika 18*: 23—38.

——(1961) "The Nature of Data, or How to Choose a Correlation Coefficient." *Psychometrika 26*: 347—372.

Cattell, R.B.(1952) *Factor Analysis*. New York: Harper and Bros.

——(1965) "Factor Analysis: An Introduction to Essentials. (Ⅰ) the Purpose and Underlying Models, (Ⅱ) the Role of Factor Analysis in Research." *Biometrics 21* : 190—215, 405—435.

——(1966) *Handbook of Multivariate Experimental Psychology.* Chicago: Rand McNally.

——and J. L. Muerle(1960) "The 'Maxplane' Program for Factor Rotation to Oblique Simple Structure." *Educational and Psychological Measurement 20* : 269—290.

Christoffersson, A. (1975) "Factor Analysis of Dichotomized Variables." *Psychometrika 40* : 5 —32.

Comrey, A. L. (1973) *A First Course in Factor Analysis.* New York: Academic Press.

Cronbach, L. J. (1951) "Coefficient Alpha and the Internal Structure of Tests." *Psychometrika 16* : 297—334.

Duncan, O. D. (1966) "Path Analysis: Sociological Examples." *American Journal of Sociology 72* : 1—16.

Eber, H. W. (1966) "Toward Oblique Simple Structure Maxplane." *Multivariate Behavioral Research 1* : 112—125.

Fruchter, B. (1954) *Introduction to Factor Analysis.* New York: Van Nostrand.

Green, B. F. , Jr. (1976) "On the Factor Score Controversy." *Psychometrika 41* : 263—266.

Guilford, J. P. (1977) "The Invariance Problem in Factor Analysis." *Educational and Psychological Measurement 37* : 11—19.

Guttman, L. (1953) "Image Theory for the Structure of Quantitative Variates." *Psychometrika 18* : 227—296.

——(1954) "Some Necessary Conditions for Common Factor Analysis." *Psychometrika 19* : 149—161.

Hakstian, A. R. (1971) "A Comparative Evaluation of Several Prominent Methods of Oblique Factor Transformation." *Psychometrika 36* : 175—193.

——and R. A. Abell(1974) "A Further Comparison of Oblique Factor Transformation Methods." *Psychometrika 39* : 429—444.

Harman, H. H. (1976) *Modern Factor Analysis.* Chicago: University of Chicago Press.

——(in press) "Minres Method of Factor Analysis," in K. Enstein, A. Ralston, and H. S. Wilf (eds.) *Statistical Methods for Digital Computers*. New York: John Wiley.

——and W. H. Jones (1966) "Factor Analysis by Minimizing Residuals (Minres)." *Psychometrika 31*: 351—368.

Harman, H. H. and Y. Fukuda (1966) "Resolution of the Heywood Case in the Minres Solution." *Psychometrika 31*: 563—571.

Harris, C. W. (1962) "Some Rao-Guttman Relationships." *Psychometrika 27*: 247—263.

——(1967) "On Factors and Factor Scores." *Psychometrika 32*: 363—379.

——and H. F. Kaiser (1964) "Oblique Factor Analytic Solutions by Orthogonal Transformations." *Psychometrika 29*: 347—362.

Hendrickson, A. E. and P. O. White (1964) "Promax: A Quick Method for Rotation to Oblique Simple Structure." *British Journal of Mathematical and Statistical Psychology 17*: 65—70.

Horn, J. L. (1965) "An Empirical Comparison of Various Methods for Estimating Common Factor Scores." *Educational and Psychological Measurement 25*: 313—322.

Horst, P. (1965) *Factor Analysis of Data Matrices*. New York: Holt Rinehart and Winston.

Hotelling, H. (1933) "Analysis of a Complex of Statistical Variables into Principal Components." *Journal of Education Psychology 24*: 417—441, 498—520.

Howe, W. G. (1955) "Some Contributions to Factor Analysis." Report No. ORNL-1919. Oak Ridge, Tenn.: Oak Ridge National Laboratory. Ph. D. dissertation, University of North Carolina.

Jennrich, R. I. (1970) "Orthogonal Rotation Algorithms." *Psychometrika 35*: 229—235.

——(1974) "Simplified Formulae in Standard Errors in Maximum Likelihood Factor Analysis." *British Journal of Mathematical and Statistical Psychology 27*: 122—131.

Jennrich, R. I. and P. F. Sampson (1966) "Rotation for Simple Loadings." *Psychometrika 31*: 313—323.

Jöreskog, K. G. (1963) "Statistical Estimation in Factor Analysis: A New Technique and Its Foundation." Stockholm: Almquist and Wiksell.

——(1966) "Testing a Simple Structure Hypothesis in Factor Analysis." *Psychometrika 31*: 165—178.

——(1967) "Some Contributions to Maximum Likelihood Factor Analysis." *Psychometrika 32*:443—482.

——(1969) "A General Approach to Confirmatory Maximum Likelihood Factor Analysis." *Psychometrika 34*:183—202.

——(1970) "A General Method for Analysis of Covariance Structure." *Biometrika 57*:239—251.

——(1976) "Analyzing Psychological Data by Structural Analysis of Covariance Matrices." Research Report 76—79. University of Uppsala, Statistics Department.

Jöreskog, K.G. and D.N.Lawley(1968) "New Methods in Maximum Likelihood Factor Analysis." *British Journal of Mathematical and Statistical Psychology 21*:85—96.

Kaiser, H.F.(1958) "The Varimax Criterion for Analytic Rotation in Factor Analysis." *Psychometrika 23*:187—200.

——(1963) "Image Analysis", pp.156—166 in C.W.Harris(ed.) *Problems in Measuring Change*. Madison: University of Wisconsin Press.

——(1970) "A Second-generation Little Jiffy." *Psychometrika 35*:401—415.

——(1974) Little Jiffy, Mark IV. *Educational and Psychological Measurement 34*:111—117.

——(1974) "An Index of Factorial Simplicity." *Psychometrika 39*:31—36.

Kaiser, H.F. and J.Caffrey(1965) "Alpha Factor Analysis." *Psychometrika 30*:1—14.

Kim, J.O. (1975) "Multivariate Analysis of Ordinal Variables." *American Journal of Sociology 81*:261—298.

——and C.W.Mueller(1976) "Standardized and Unstandardized Coefficients in Causal Analysis: An Expository Note." *Sociological Methods and Research 4*:423—438.

Kim, J. O., N. Nie and S. Verba (1977) "A Note on Factor Analyzing Dichotomous Variables: the Case of Political Participation." *Political Methodology 4*:39—62.

Kirk, D.B.(1973) "On the Numerical Approximation of the Bivariate Normal (tetrachoric) Correlation Coefficient." *Psychometrika 38*:259—268.

Lisrel III: Estimation of Linear Structural Equation Systems by Maximum Likelihood Methods. (User's Guide). Jöreskog, K. G. and Sörbom, D.Chicago: National Educational Resources, Inc., 1976.

Little Jiffy, Mark IV.(See Kaiser, 1974)

Labovitz, S. (1967) "Some Observations on Measurement and Statistics." *Social Forces 46* : 151—160.

——(1970) "The Assignment of Numbers to Rank Order Categories." *American Sociological Review 35* : 515—524.

Land, K. O. (1969) "Principles of Path Analysis," pp. 3—37 in E. F. Borgatta (ed.) *Sociological Methodology*. San Francisco : Jossey-Bass.

Lawley, D. N. (1940) "The Estimation of Factor Loading by the Method of Maximum Likelihood." *Proceedings of the Royal Society of Edinburgh 60* : 64—82.

——and Maxwell, A. E. (1971) *Factor Analysis as a Statistical Method*. London : Butterworth and Co.

Levine, M. S. (1977) "Canonical Analysis and Factor Comparison." Sage University Papers on Quantitative Applications in the Social Sciences, 07—006. Beverly Hills and London : Sage Pub.

Li, C. C. (1975) *Path Analysis—A Primer*. Pacific Grove, Calif. : Boxwood Press.

Linn, R. L. (1968) "A Monte Carlo Approach to the Number of Factors Problems." *Psychometrika 33* : 37—71.

Lord, F. M. and W. R. Novick (1968) *Statistical Theories of Mental Test Scores*. Reading, Mass. : Addison-Wesley.

Malinvand, E. (1970) *Statistical Methods of Econometrics*. New York : Elsevier.

Maxwell, A. E. (1972) "Thomson's Sampling Theory Recalled." *British Journal of Mathematical and Statistical Psychology 25* : 1—21.

McDonald, R. P. (1970) "The Theoretical Foundations of Principal Factor Analysis, Canonical Factor Analysis, and Alpha Factor Analysis." *British Journal of Mathematical and Statistical Psychology 23* : 1—21.

——(1974) "The Measurement of Factor Indeterminacy." *Psychometrika 39* : 203—221.

——(1975) "Descriptive Axioms for Common Factor Theory, Image Theory and Component Theory." *Psychometrika 40* : 137—152.

——(1975) "A Note on Rippe's Test of Significance in Common Factor Analysis." *Psychometrika 40* : 117—119.

——and E. J. Burr (1967) "A Comparison of Four Methods of Constructing Factor Scores." *Psychometrika 32* : 380—401.

Mulaik, S. A. (1972) *The Foundations of Factor Analysis*. New York :

McGraw-Hill.

Neuhaus, J.O. and C.Wrigley(1954) "The Method: An Analytic Approach to Orthogonal Simple Structure." *British Journal of Mathematical and Statistical Psychology 7*:81—91.

Osirls Manual. "Ann Arbor," Mich.: Inter-University Consortium for Political Research, 1973.

Rao, C.R.(1955) "Estimation and Test of Significance in Factor Analysis." *Psychometrika 20*:93—111.

Rummel, R.J.(1967) "Understanding Factor Analysis." *Conflict Resolution 11*:444—480.

——(1970) *Applied Factor Analysis*. Evanston: Northwestern University Press.

Sas: A User's Guide to SAS 76. Anthony J.Barr, James H.Goodnight, John P.Sall, and Jane T.Helwig.Raleigh, N.C.: SAS Institute, Inc., 1976.

SPSS: *Statistical Package for the Social Sciences*. Norman H.Nie, C.Hadlai Hull, Jean G.Jenkins, Karin Steinbrenner, and Dale Bent. New York: McGraw-Hill, 1975.

Saunders, D.R. (1953) "An Analytic Method for Rotation to Orthogonal Simple Structure." Research Bulletin 53—10. Princeton, N.J.: Educational Testing Service.

——(1960) "A Computer Program to Find the Best-fitting Orthogonal Factors for a Given Hypothesis." *Psychometrika 25*:199—205.

Schuessler, K.(1971) *Analyzing Social Data*. Boston: Houghton Mifflin.

Sörbom, D. and K. G. Jöreskog (1976) COFAMM: Confirmatory Factor Analysis with Model Modification User's Guide. Chicago: National Educational Resources, Inc.

Stephenson, W.(1953) *The Study of Behavior*. Chicago: The University of Chicago Press.

Stevens, S.S. (1946) "On the Theory of Scales of Measurement." *Science 103*:677—680.

Stinchcombe, A.L.(1971) "A Heuristic Procedure for Interpreting Factor Analysis." *American Sociological Review 36*:1080—1084.

Thompson, G.H.(1934) "Hotelling's Method Modified to Give Spearman's g." *Journal of Educational Psychology 25*:366—374.

Thurstone, L.L.(1947) *Multiple Factor Analysis*. Chicago: University of Chicago Press.

Tryon, C. R. and Bailey, D. E. (1970) *Cluster Analysis*. New York: McGraw-Hill.

Tucker, L. R. (1966) "Some Mathematical Notes on Three Mode Factor Analysis." *Psychometrika 31*: 279—311.

——(1971) "Relations of Factor Score Estimates to Their Use." *Psychometrika 36*: 427—436.

——R. F. Koopman, and R. L. Linn(1969) "Evaluation of Factor Analytic Research Procedures by Means of Simulated Correlation Matrices." *Psychometrika 34*: 421—459.

Tucker, L. R. and C. Lewis(1973) "A Reliability Coefficient for Maximum Likelihood Factor Analysis." *Psychometrika 38*: 1—8.

Velicer, W. F. (1975) "The Relation between Factor Scores, Image Scores, and Principal Component Scores." *Educational and Psychological Measurement 36*: 149—159.

Wainer, H. (1976) "Estimating Coefficients in Linear Models: It Don't Make No Nevermind." *Psychological Bulletin 83*: 213—217.

Wang, M. W. and J. C. Stanley(1970) "Differential Weighing: A Review of Methods and Empirical Studies." *Review of Educational Research 40*: 663—705.

术语表

Alpha 因子分析法(Alpha Factoring):初始因子分析的方法,把纳入分析的变量看作变量总体的一个样本;参见参考文献中的 Kaiser & Caffrey。

调整后的相关矩阵(Adjusted Correlation Matrix):对角线上的元素被替换为共通值的相关矩阵;也指在抽取因子之前通过各种方法修改过的相关或协方差矩阵。

二分四次方最小标准(Biquartimin Criterion):应用在非直接的斜交旋转中的一种标准。

共通值(Communality, h^2):观察到的变量的方差中被公因子解释了的部分;在正交因子模型中,它等于因子负载的平方和。

共同部分(Common Part):观察到的变量中被公因子解释了的部分。

公因子(Common Factor):未被测量的(假设性的)潜在变量,它是我们考虑的至少两个观察到的变量之变化的来源。

验证性因子分析(Confirmatory Factor Analysis):因子分析的一种,是在样本数据中检验对因子数量和它们的负载的特定预期。

相关系数(Correlation):对两个变量之间关系的测量;一般认为是积差(product-moment)r(或者皮尔逊 r);等同于两个标准化后的变量的协方差;也是表示任何变量之间线性关系的一般术语。

共变关系(Covariation):对两个变量之间共变程度的粗略测量;为两个变量的向量积(cross-products)的和,向量积由变量与它们各自距离平均值的离差表示;也是表示变量之间关系的一般术语。

协方差(Covariance):两个变量之间关系的一种测量;用共变关系除以涉及的个案数;为两个变量的向量积(cross-products)的预期值,向量积由变量与它们各自距离平均值的离差表示;标准化后的变量的协方差也被称为相关系数。

协方差结构分析(Covariance-structure Analysis):一种分析方法,在其中(1)观察到的变量可以表示为非常一般化的模型,它可以接受假设性的因子,也可以接受观察到的变量;(2)研究者继而设定合适的参数,针对样本的协方差矩阵来评估这些设定是否足够。

最小协方差(Covarimin):获得斜交旋转结果的一个标准;间接最小斜交旋转法的一种变型。

行列式(Determinant):正方矩阵(a square matrix)的一个数学特性;被作为

　　一种决定调整后的相关矩阵的秩(或独立的维度数)的方法。

直接最小斜交法(Direct Oblimin)：斜交旋转的一种，它进行斜交的时候不需要参照轴。

特征值(Eigenvalue)(或特征根，characteristic roots)：矩阵的一种数学特性；在分解协方差矩阵的时候使用，既是决定抽取因子数的标准，也是对给定的维度所解释的方差的一种测量。

特征向量(Eigenvector)：与其对应特征值相关的向量；在初始因子分析时得到；当这些向量被恰当地标准化后，它们就成为因子负载。

均等变化法(Equimax)：获得正交旋转的一种标准；它是最大方差标准和四分最大法标准的折中方案。

无误差的数据(Error-free Data)：人为设计出来的数据，其潜在模型被假定为已知的，且数据和模型之间完全吻合。

预期(Expection)：一种数学运算，它定义了一个随机变量的平均值，无论其分布是非连续的还是连续的；预期值是一个特定变量的属性。

探索性因子分析(Exploratory Factor Analysis)：因子分析的方法之一，它主要用作探索潜在的因子结构，不事先设定因子数量和它们的负载。

抽取因子(Extraction of Factors or Factor Extraction)：因子分析的初始步骤，它把协方差矩阵变成更少数量的潜在因子或成分。

误差成分(Error Component)：观察到的变量的方差中由随机测量误差造成的部分；它构成了独有成分的一部分。

因子(Factors)：假设的、未被测量的和潜在的变量，它们被认为是观察到的变量的来源；通常被区分为独有因子和公因子。

因子负载(Factor Loading)：因子模式或结构矩阵中一个系数的一般化术语。

因子模式矩阵(Factor Pattern Matrix)：系数的一个矩阵，它的列通常代表公因子，行通常代表观察到的变量；矩阵中的元素代表公因子的回归权重，在此观察到的变量被假定为因子的线性组合；在斜交旋转中，模式矩阵等同于因子和变量之间的相关关系。

因子得分(Factor Score)：对一个个案在潜在的因子上的估计，这个因子由观察到的变量的线性组合而得到；因子分析的副产品。

因子复杂性(Factorical Complexity)：观察到的变量的一种特征；在该变量上有(显著)负载的公因子的数量。

因子决定度(Factorical Determination)：观察到的变量的变化被公因子所解释的大小。

格拉姆式(Gramian)：如果一个正方矩阵是对称的，且所有跟矩阵相关的特征值都大于或等于 0，我们就称该矩阵是格拉姆式的；未调整的相关或协方差矩阵总是格拉姆式的。

映像因子分析法(Image Factoring)：获得初始因子的一种方法；观察到的变化被分解为(偏)映像和反映像，而不是共同部分和独有部分。

凯瑟标准(Kaiser Criterion)：决定抽取的因子数量的一个标准；由格特曼(Guttman)提出，由凯瑟普及；也被称为"特征值大于 1"标准。

线性组合(Linear Combination)：一种组合方法，变量只通过常数权重来组合。

线性系统(Linear System)：作为整体来描述的变量间的关系，其中所有关系都是线性的；在因子分析模型中所有变量都被认为是潜在的因子的线性函数。

最小二乘法(Least-squares Solution)：一般来说，它是最小化观察值和预期值之间离差的平方的方法；抽取初始因子的方法，它的变型包括迭代估计共通值和最小化残差的主轴因子分析法。

最大似然法(Maximum Likelihood Solution)：一般来说，它是一种寻找总体参数以使之最有可能产生观察到的样本分布的统计估计方法；获得初始因子的方法；它的变型包括正则因子分析法(RAO)和最大化残差偏相关矩阵的行列式(maximizes the determinant of the residual partial correlation matrix)方法。

蒙特卡洛实验(Monte Carlo Experiment)：一种通过复杂的统计模型来模拟多种样本属性的方案。

最大斜交法(Oblimax)：获得斜交旋转的一种标准；它等同于正交旋转中的四次方最大标准。

最小斜交法(Oblimin)：获得斜交旋转的一般化标准，它通过参照轴来尝试简化模式矩阵；它的变型包括二分四次方最小法、最小协方差法和四次方最小法。

斜交因子(Oblique Factors)：互相相关的因子；通过斜交旋转得到的因子。

斜交旋转(Oblique Rotation)：寻找简单结构的一种方法；在旋转因子的时候不强加正交性要求，最后得到的因子一般互相相关。

正交因子(Orthogonal Factors)：互相不相关的因子；通过正交旋转得到的因子。

正交旋转(Orthogonal Roation)：在限制因子为正交的(不相关的)条件下寻找简单结构的方法；用这种旋转方法得到的因子一定是不相关的。

主轴因子分析法(Principal Axis Factoring)：初始因子分析的一种方法，它按层级分解调整后的相关矩阵；迭代共通值的主轴因子分析将得到最小二乘法的初始因子分析结果。

主成分(Principal Components)：观察到的变量的线性组合，它们有诸如互为正交等属性，且第一个主成分代表数据中最大的方差，第二个主成分代表第二大的方差，依次类推；它通常被看作公因子的变型，但它们和公因子不同，因为公因子是假设性的。

对因子因果关系的假设(Postulate of Factorical Causation)：认为观察到的变量是潜在因子的线性组合的假设，且观察到的变量之间的共变关系完全是由于它们共同拥有一个或多个公因子。

对简洁的要求(Postulate of Parsimony)：它约定，对给定的跟数据同样吻合的两个或更多的模型，更简单的模型被认为是真实的模型；在因子分析中，只有使用最少数量公因子的模型才被认为是合适的。

四次方最大法(Quartimax)：获得正交旋转的一种标准；它的重点是简化因子模式矩阵的行。

四次方最小法(Quartimin)：获得斜交旋转的一种标准；与四次方最大旋转法对应的斜交旋转法；需要引入参照轴。

矩阵的秩(Rank of Matrix)：矩阵中线性无关的列或行的数量；最大的、行列式不为零的正方次矩阵的阶。

参照轴(Reference Axes)：它们指的是跟主因子正交的轴；引入它们是为了简化斜交旋转。

碎石检验(Scree-test)：一种决定要保留的显著因子的实用标准；它基于特征值(根)的图；被认为适合于处理由于次要的(含义不清的)因子导致的扰动。

简单结构(Simple Structure)：描述有某些简单属性的因子结构的专门术语；这些属性中包括变量在尽可能少的因子上有负载，且各公因子只在一些变量上有显著的负载，而在其他变量上没有负载。

特有的成分(Specific Component)：由对一个给定的变量特有的因子造成的观察到的变量中的方差；被用于指明独有成分中不是由于随机误差所造成的部分。

目标矩阵(Target Matrix)：在旋转中作为目标的系数矩阵(a matrix of coefficients)；可以旋转初始因子分析的结果，使其因子负载最大程度地符合目标矩阵。

方差(Variance)：对变量离散程度的一种测量；它被定义为距离平均值的离差的平方和除以个案或实体数。

变异(Variation)：对变量离散程度的一种测量；作为描述相对某些中心值而言，其离散程度的一般性术语；等于与平均值的距离的离差的平方和。

最大方差法(Varimax)：正交旋转的一种方法，它通过最大化模式矩阵的方差来简化因子模型。

独有成分（Unique Component）：观察到的方差中无法被公因子解释的部分；各变量独有的部分；它通常被进一步分解为特有成分和误差成分。

独有因子（Unique Factor）：被认为只影响某一个观测变量的因子；通常代表了某个变量特有的所有独立因子（包括误差成分）。

译名对照表

a graphical rotation	图像旋转
a principal axis factoring	主轴因子分析
a quartimin criterion	四次方最小标准
a scale-free extraction method	无尺度的抽取方法
a target matrix	目标矩阵
a trivariate normal distribution	三元正态分布
Alpha factoring	Alpha 因子分析法
an observed covariance structure	观察到的协方差结构
anti-image	反映像
biquartimax	二分四次方最大法
biquartimin	二分四次方最小法
bivariate normal	二元正总分布
canonical correlation	正则相关系数
canonical factoring	正则因子分析法
characteristic equation	特性方程
characteristic roots	特征根
common factor model	公因子模型
common factors	公因子
communality	共通性
component scales	成分尺度
component scores	成分得分
covarimin	最小协方差
determinantal equation	行列式方程
direct oblimin	直接最小斜交法
eigenequation	特征方程
eigenvalues	特征值
empirical confirmation	经验证实
empirical constraints	经验限制
equimax	均等变化法
error variance	误差方差
extrastatistical	与统计无关的

factor loadings	因子负载
factor pattern matrix	因子模式矩阵
factor scales	因子尺度
factorial causation	因子因果关系
factorial complexity	因子复杂性
generalizability coefficient	概化系数
hyperplanes	超平面
image analysis	映像分析
image factoring	映像因子分析法
image factors	映像因子
image	映像
indicator variables	指示性变量
informativeness	资讯性
invariance	恒定性
kurtosis	峰度
Likert scale	李克特量表
linear system	线性系统
maximum fit	最大拟合
metric variables	度量变量
minimum discrepancy	最小差异
minimal residual method, minres	最小残差法
Monte Carlo experiments	蒙特卡洛实验
nonmetric	非度量的
oblique rotation	斜交旋转
orthoblique method	正斜交旋转法
parsimony	简洁
partial anti-images	偏反映像
partial images	偏映像
principal axis factoring with iterated communalities	带迭代公因子的主轴因子分析法
principal components analysis	主成分分析
promax oblique rotation	最优斜交旋转法

psychometric sampling	心理测量抽样
quartimax	四次方最大法
reference axes	参照轴
reliability	信度
response sets	反应系列
sampling variability	抽样变异性
scale scores	尺度得分
scree-test	碎石检验
simple factor structure	简单因子结构
subspaces	子平面
tetrachoric correlations	四分相关系数
the degree offactorial determination	因子的确定程度
the primary pattern matrix	主模式矩阵
the rank-theorem	秩理论
the residual-mean-square	残差均方
the total image	总映像
the underlying causal structure	潜在的因果结构
the underlying factor pattern	潜在的因子模式
unique components	独有成分
unique factors	独有的因子
unique variance	独有方差
univocal	单一的
varimax	最大方差法
vector spaces	向量空间

图书在版编目(CIP)数据

因子分析：统计方法与应用问题／(美)金在温，
(美)查尔斯·W.米勒著；叶华译. — 上海：格致出版
社：上海人民出版社，2023.9
(格致方法·定量研究系列)
ISBN 978 - 7 - 5432 - 3492 - 5

Ⅰ.①因… Ⅱ.①金 ②查… ③叶… Ⅲ.①因子分
析 Ⅳ.①O212.1

中国国家版本馆 CIP 数据核字(2023)第 159015 号

责任编辑 王亚丽

格致方法·定量研究系列

因子分析：统计方法与应用问题

[美] 金在温
查尔斯·W.米勒 著

叶 华 译

出　　版　格致出版社
　　　　　上海人民出版社
　　　　　(201101　上海市闵行区号景路 159 弄 C 座)
发　　行　上海人民出版社发行中心
印　　刷　浙江临安曙光印务有限公司
开　　本　920×1168　1/32
印　　张　4.75
字　　数　90,000
版　　次　2023 年 9 月第 1 版
印　　次　2023 年 9 月第 1 次印刷
ISBN 978 - 7 - 5432 - 3492 - 5/C·300
定　　价　42.00 元

本书版权归 SAGE Publications 所有。由 SAGE Publications 授权翻译出版。

上海市版权局著作权合同登记号：图字 09-2023-0791

格致方法·定量研究系列

1. 社会统计的数学基础
2. 理解回归假设
3. 虚拟变量回归
4. 多元回归中的交互作用
5. 回归诊断简介
6. 现代稳健回归方法
7. 固定效应回归模型
8. 用面板数据做因果分析
9. 多层次模型
10. 分位数回归模型
11. 空间回归模型
12. 删截、选择性样本及截断数据的回归模型
13. 应用 logistic 回归分析（第二版）
14. logit 与 probit：次序模型和多类别模型
15. 定序因变量的 logistic 回归模型
16. 对数线性模型
17. 流动表分析
18. 关联模型
19. 中介作用分析
20. 因子分析：统计方法与应用问题
21. 非递归因果模型
22. 评估不平等
23. 分析复杂调查数据（第二版）
24. 分析重复调查数据
25. 世代分析（第二版）
26. 纵贯研究（第二版）
27. 多元时间序列模型
28. 潜变量增长曲线模型
29. 缺失数据
30. 社会网络分析（第二版）
31. 广义线性模型导论
32. 基于行动者的模型
33. 基于布尔代数的比较法导论
34. 微分方程：一种建模方法
35. 模糊集合理论在社会科学中的应用
36. 图解代数：用系统方法进行数学建模
37. 项目功能差异（第二版）
38. Logistic 回归入门

39. 解释概率模型：Logit、Probit 以及其他广义线性模型
40. 抽样调查方法简介
41. 计算机辅助访问
42. 协方差结构模型：LISREL 导论
43. 非参数回归：平滑散点图
44. 广义线性模型：一种统一的方法
45. Logistic 回归中的交互效应
46. 应用回归导论
47. 档案数据处理：生活经历研究
48. 创新扩散模型
49. 数据分析概论
50. 最大似然估计法：逻辑与实践
51. 指数随机图模型导论
52. 对数线性模型的关联图和多重图
53. 非递归模型：内生性、互反关系与反馈环路
54. 潜类别尺度分析
55. 合并时间序列分析
56. 自助法：一种统计推断的非参数估计法
57. 评分加总量表构建导论
58. 分析制图与地理数据库
59. 应用人口学概论：数据来源与估计技术
60. 多元广义线性模型
61. 时间序列分析：回归技术（第二版）
62. 事件史和生存分析（第二版）
63. 样条回归模型
64. 定序题项回答理论：莫坎量表分析
65. LISREL 方法：多元回归中的交互作用
66. 蒙特卡罗模拟
67. 潜类别分析
68. 内容分析法导论（第二版）
69. 贝叶斯统计推断
70. 因素调查实验
71. 功效分析概论：两组差异研究
72. 多层结构方程模型
73. 基于行动者模型（第二版）